COURS DE MATHÉMATIQUES ÉLÉMENTAIRES

EXERCICES D'ARITHMÉTIQUE

PAR F. J.-O. P.

CHEZ LES ÉDITEURS

TOURS
ALFRED MAME & FILS
Imprimeurs-Libraires

PARIS
POUSSIELGUE FRÈRES
Rue Cassette, 27

EXERCICES

D'ARITHMÉTIQUE

Tout exemplaire qui ne sera pas revêtu des trois signatures ci-dessous sera réputé contrefait.

Les Éditeurs,

Le Cours de Mathématiques élémentaires comprend les ouvrages suivants :

Éléments d'Arithmétique.
— d'Algèbre.
— de Géométrie.
— de Trigonométrie.
— d'Arpentage et de Nivellement.
— de Géométrie descriptive.

COURS DE MATHÉMATIQUES ÉLÉMENTAIRES

EXERCICES D'ARITHMÉTIQUE

PAR F. J.-O. P.

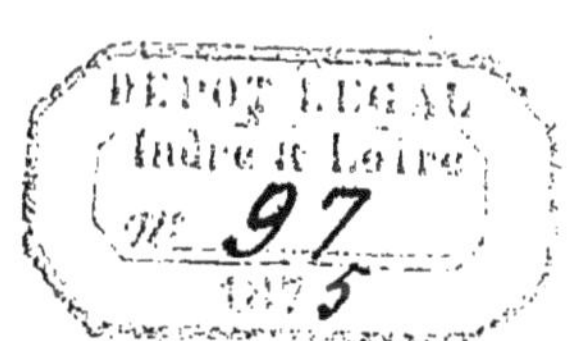

CHEZ LES ÉDITEURS

TOURS
ALFRED MAME & FILS
Imprimeurs-Libraires

PARIS
POUSSIELGUE FRÈRES
Rue Cassette, 27

1875

EXERCICES D'ARITHMÉTIQUE

CHAPITRE I

NUMÉRATION

1° *L'unité est-elle un nombre?*

Non ; mais 1 est un nombre.

2° *Désigner quelques* grandeurs proprement dites.

La longueur d'une table, la surface d'une cour, la contenance d'une citerne.

3° *Désigner quelques* quantités.

Une corbeille de poires, une tonne de harengs, le nombre des maisons d'une localité.

45 hommes, les $\frac{4}{5}$ d'une succession, 35 centimes, etc.

4° *Pourquoi fait-on les opérations et les démonstrations uniquement avec des nombres* abstraits ?

Pour débarrasser les raisonnements de beaucoup d'expressions inutiles, et faire voir que ce que l'on démontre est vrai pour tous les nombres, quelles que soient les unités qu'ils renferment.

5° *Quelle est la signification du mot* calcul ?

Caillou. Parce qu'autrefois, pour habituer les enfants à compter, on se servait de petits cailloux comme on se sert aujourd'hui des boules du boulier-compteur.

6° *Quelle est la signification du mot* arithmétique?

Science des nombres. (10) [1]

7° *Quelle a été la préoccupation principale de ceux qui ont formé les* noms des nombres?

Employer le moins de mots possible.

Avec 14 mots, on peut exprimer tous les nombres dont on a besoin, sauf dans des opérations tout à fait exceptionnelles : un, deux, trois, quatre, cinq, six, sept, huit, neuf, dix, cent, mille, million, billion ou milliard. Viendraient ensuite les mots : trillion, quatrillion, quintillion, sextillion, septillion, octillion, nonnillion, décillion, undécillion, duodécillion.

8° *Quelle a été la préoccupation principale de ceux qui ont déterminé les moyens de représenter tous les nombres?*

Employer le moins de caractères possible.

9° *La numération enseigne-t-elle à* former *les nombres?*

Non, elle enseigne seulement à les exprimer et à les représenter.

10° *Écrire et lire le nombre composé des neuf premiers chiffres placés par ordre de grandeur, en allant de gauche à droite.*

123456789. Cent vingt-trois millions, quatre cent cinquante-six mille, sept cent quatre-vingt-neuf.

11° *Écrire et lire le nombre composé des neuf premiers chiffres placés par ordre de grandeur, dans l'ordre inverse de celui qu'indique le n° 10.*

987654321. Neuf cent quatre-vingt-sept millions, six cent cinquante-quatre mille, trois cent vingt et un.

12° *Indiquer la valeur relative de chaque chiffre dans chacun des nombres des deux n^os précédents.*

1° Une centaine de millions, deux dizaines de millions, etc.
2° Neuf centaines de millions, etc...

---

[1] Les nombres placés ainsi entre parenthèses indiquent les numéros des *Éléments d'Arithmétique.*

13° *Écrire dix nombres différents, en faisant usage seulement du plus petit des neuf chiffres significatifs.*

Les dix nombres demandés sont :

1°	1
2°	11
3°	111
4°	1 111
5°	11 111
6°	111 111
7°	1 111 111
8°	11 111 111
9°	111 111 111
10°	1 111 111 111

14° *Quel changement éprouve un nombre quand on néglige de remplacer par des zéros les ordres d'unités qui manquent ?*

Le nombre est diminué du produit de la partie qui devrait être à gauche des zéros par la puissance de 10 qu'indique le nombre des zéros que l'on aurait dû écrire, diminuée de 1.

Ex. : $845 = 80\,045 - 8^{\text{centaines}}\,(100 - 1) = 80\,045 - 792^{\text{centaines}}$ $= 80\,045 - 845 = 80\,000 - 800 = 800^{c} - 8^{c} = 8^{c}\,(10^{2} - 1) =$ $8^{c} \times 99 = 792^{\text{centaines}}$.

15° *Quel changement éprouve un nombre quand on introduit des zéros entre ses chiffres ?*

Il est augmenté du produit de la partie du nombre qui se trouve à gauche des zéros par la puissance de 10 qu'indique le nombre de zéros introduits, diminuée de 1.

Ex. $80\,045 = 845 + 8^{\text{centaines}}\,(100 - 1) = 845 + 79\,200$. (V. 14°.)

16° *Quel changement éprouve un nombre quand on écrit des zéros à gauche de ses plus* hautes *unités ?*

Aucun. $45 = 0045$

17° *Combien compte-t-on de nombres entiers de* sept chiffres ?

Il y a neuf nombres entiers d'un chiffre ; quatre-vingt-dix de deux chiffres ; neuf cents de trois chiffres, et ainsi de suite. Donc il y en a neuf millions de sept chiffres.

18° *Pourquoi les neuf premiers nombres sont-ils représentés par les* neuf chiffres significatifs ?

Par convention.

19° *Combien faut-il de caractères à un imprimeur pour numéroter* toutes les pages *d'un livre qui en a* 2748?

Pour numéroter les neuf premières pages il faudra à l'imprimeur 1×9	=	9 caractères.
De la 10e à la 99e page, les nos d'ordre sont exprimés par des nombres de deux chiffres. Il y a quatre-vingt-dix de ces nombres; il faudra donc 2×90	=	180 —
Pour les neuf cents pages de trois chiffres, de la 100e à la 999e, il faudra 3×900	=	2700 —
L'ouvrage ayant 2748 pages, il reste à numéroter 2748 pages moins 999 pages, ou 1749 pages de quatre chiffres, pour lesquelles il faudra 4×1749	=	6996 —
L'imprimeur emploiera en tout		9885 caractères.

20° *On écrit à la suite les* quarante mille *premiers nombres; quel est, dans cette suite, le* 32456e chiffre?

Les nombres d'un seul chiffre comprennent en tout...				9	chiffres
—	de deux	—	—	180	—
—	de trois	—	—	2700	—
			Total :	2889	

Retranchant 2889 de 32456, on obtient 29567, nombre de chiffres avec lequel on forme des nombres de quatre chiffres. 29567 : 4 = 7391, et il reste 3. Donc, il y aura 7391 nombres de quatre chiffres, ce qui, augmenté des 999 nombres inférieurs, donne le nombre 8390.

Mais il reste 3 chiffres qui commenceront le 8391e nombre dont le 3e chiffre est 9. Donc la réponse est 9.

21° *Combien de fois figure chacun des dix chiffres dans la suite des nombres entiers jusqu'à* un million *inclusivement?*

De 10 à 99, le chiffre zéro figure neuf fois, ou 1×9. (*a*)

De 100 à 199 figurent en tout :

1° 2 zéros au nombre 100;

2° 9 — de 101 à 109;

3° 9 — de 110 à 199.

En tout $2 + 9 + 9 = 20$ zéros.

Comme, de 100 à 999, il y a neuf centaines, le chiffre zéro figure $2 \times 10 \times 9 = 180 = 2 \times 90$ fois. (*b*)

De 1000 à 1990, on a :

1° 3 zéros au nombre 1000;

2° 9 fois deux zéros de 1001 à 1009 ou 18 zéros;

3° 90 fois un zéro, suivant immédiatement le chiffre des mille de 1010 à 1099, plus 9 zéros de 10 à 99;

En tout, $3 + 18 + 99 + 180 = 300$ zéros.

Comme il y a neuf mille de 1000 à 9999, le chiffre zéro figure $300 \times 9 = 2700 = 3 \times 900$ fois. (*c*)

On verrait de même :

1° Que de 10000 à 99999 le chiffre zéro figure :
$(4 + 27 + 189 + 1080 + 2700)\, 9 = 36000 = 4 \times 9000$ fois. (*d*)

2° Que de 100000 à 999999 figurent :

$$5 \times 90000 = 450000 \text{ zéros. } (e)$$

5° Enfin, que, pour former le nombre un million, 6 zéros sont nécessaires.

Donc, de 1 à 1000000, le chiffre zéro se trouve employé :

$$(1 \times 9) + (2 \times 90) + (3 \times 900) + (4 \times 9000) + (5 \times 90000) + 6 = 488895 \text{ fois.}$$

Si l'on fait abstraction du premier chiffre des nombres entiers de 1 à 1000000, il est facile de se convaincre que l'un quelconque des neuf chiffres significatifs est employé 488895 fois, moins 6 fois, provenant des 6 zéros servant à former le nombre 1000000.

Il suffit pour cela, en suivant la marche des opérations indiquées plus haut, de comparer les nombres suivants :

10, 20 . . . 90	et	13, 23 93
100	—	133
101 à 109	—	130 à 139
—	—	—
10000	—	13333
—	—	—

En outre, en tête des nombres, de 1 à 1000000, le chiffre 3 figure :

1	fois de	1	à	10
10	—	30	à	39
100	—	300	à	399
1000	—	3000	à	3999
10000	—	30000	à	39999
100000	—	300000	à	399999

Il figure donc en tout 488889 + (1 + 10 + 100 + 1000 + 10000 + 100000) = 600000 fois. Le chiffre 1 figure une fois de plus, à cause de un million.

22° *Un nombre a 23 chiffres, quelle est la classe des plus hautes unités.*

Celle des sextillions.

sext^s	quint^s	quat^s	trill^s	bill^s	mill^s	mille	unités
00 .	000 .	000 .	000 .	000 .	000 .	000 .	000
23e	21e	18e	15e	12e	9e	6e	3e

CHAPITRE II

LES QUATRE OPÉRATIONS

1° *Peut-on ajouter ensemble les nombres suivants : 32 chèvres, 25 moutons, 16 porcs, 14 chevaux, 8 tables?*

Non, si l'on considère l'espèce particulière de chaque unité; oui, si l'on veut savoir combien il y a de choses. Alors, les unités de chaque nombre sont de même nature, parce qu'elles sont désignées par une dénomination commune.

2° *Rendez compte des preuves des quatre opérations. Faites voir pourquoi elles donnent des probabilités et non des garanties absolues de l'exactitude des opérations.*

Les preuves des opérations ne donnent que des probabilités, parce qu'elles se font par des calculs dans lesquels on peut se tromper comme dans les premiers. Mais comme on se sert généralement, dans une preuve, d'un procédé contraire à celui qu'on a d'abord employé, il serait fort extraordinaire que les nouvelles erreurs, si l'on en fait, fussent précisément de même sens et de même valeur que les premières. On est donc averti, si les résultats diffèrent, qu'une erreur a été commise dans la première opération ou dans la deuxième, et l'attention est attirée sur le point où le défaut est accusé.

Les preuves par 9 offrent moins de garantie qu'aucune autre. Ainsi, on aurait pu, dans la première opération, écrire 9 pour 0 ou 0 pour 9, la preuve n'accuserait pas d'erreur. On aurait pu faire deux erreurs de sens contraire et égales, et la preuve par 9 ne les accuserait pas. Par exemple, le total d'une addition devait être 90478; on a trouvé 80569 ; néanmoins, la preuve annonce un résultat exact. Dans la multiplication, on n'aura pas placé les chiffres de l'un des produits partiels dans les colonnes verticales où ils doivent être; la preuve ne signalera pas cette erreur.

La preuve par 11 n'offre pas ces inconvénients; il suffit d'examiner comment elle se peut faire pour constater qu'elle offre plus de garanties.

3° *Quelle est la condition pour que l'on puisse retrancher un nombre concret d'un autre nombre concret?*

Que les deux nombres désignent des êtres de même nature ou que ces êtres puissent se désigner par une dénomination commune. (Voir le n° 1, ci-dessus.)

4° *Le multiplicateur est-il un nombre concret?*

Le multiplicateur est toujours un nombre abstrait. Il peut être fourni par un nombre concret, mais une fois qu'il est considéré comme multiplicateur, il ne désigne plus telle ou telle espèce d'unités; il exprime *combien de fois.*

5° *La nature des unités du produit est-elle déterminée par celle des facteurs?*

Les unités du produit sont de même nature que celles du multiplicande. La multiplication est une addition abrégée; elle est l'addition d'autant de nombres égaux au multiplicande qu'il y a d'unités dans le multiplicateur; or, dans l'addition, le total est de même nature que les nombres dont il se compose.

6° *Est-il absolument indifférent de prendre l'un quelconque des facteurs pour multiplicateur?*

Oui, sauf les réserves qu'impliquent les n°s 4 et 5; de sorte que, dans les raisonnements, on doit conserver à chaque facteur son vrai titre de multiplicande ou de multiplicateur. Dans les calculs, on dispose les nombres de la manière qui permet d'opérer le plus promptement.

7° *Que devient le produit des facteurs 14 et 25 lorsqu'on augmente le 1er de 3 unités et le 2e de 7?*

Le premier produit $= 14 \times 25$; le 2^e $= (14 + 3) \times (25 + 7) = (14 \times 25) + (3 \times 25) + (14 \times 7) + (3 \times 7)$. Il est augmenté de $(3 \times 25) + (14 \times 7) + (3 \times 7) = 194$. (75) De là, on peut conclure que : Si l'on ajoute un nombre quelconque à chacun des facteurs d'un produit, on augmente ce produit : 1° du produit du multiplicande par le nombre ajouté au multiplicateur; 2° du produit du multiplicateur par le nombre ajouté au multiplicande; 3° du produit des deux nombres ajoutés.

8° *Que deviendrait le produit de ces mêmes nombres si on les diminuait respectivement de 3 et de 7?*

Il serait diminué de $(3 \times 25) + (14 \times 7) - (3 \times 7) = 152$, car le premier produit est 14×25, et le deuxième $(14-3) \times (25-7)$. Ce deuxième produit égale $(14 - 3) \times 25 - (14 - 3) \times 7$, ou $[(14 \times 25) - (3 \times 25)] - [14 \times 7) - (3 \times 7)]$. La deuxième partie de ce produit doit être retranchée de la première; or, en écrivant comme différence $(14 \times 25) - (3 \times 25) - 14 \times 7$, le résultat serait trop faible, car 14×7 doit préalablement être diminué de 3×7. Par conséquent, le résultat est $(14 \times 25) - (3 \times 25) - (14 \times 7) + (3 \times 7)$.

Comparant avec le produit primitif, on voit que celui-ci est diminué de $(3 \times 25) + (14 \times 7) - (3 \times 7)$. De là on peut conclure que : Si l'on retranche un nombre quelconque de chacun des facteurs d'un produit, ce produit est, en premier lieu, diminué : 1° du produit du multiplicande par le nombre retranché du multiplicateur; 2° du produit du multiplicateur par le nombre retranché du multiplicande; en second lieu, le produit primitif est augmenté du produit des deux nombres retranchés.

9° *La nature des unités du quotient est-elle déterminée par celle des deux termes de la division?*

Lorsque le dividende et le diviseur sont de nature différente, le quotient est de même nature que le dividende; mais lorsque le dividende et le diviseur sont de même nature, le quotient est d'une natnre différente de celle du dividende et du diviseur; dans ce dernier cas, la nature des unités du quotient est indiquée par l'énoncé du problème. (Voir nos 4 et 5 de ce chapitre.)

10° *Le diviseur est-il un nombre concret?*

Lorsque les unités du diviseur sont d'une nature différente de celle des unités du dividende, le diviseur est considéré comme un nombre abstrait; il exprime *combien de fois* le quotient est contenu dans le dividende, ou bien le diviseur est considéré comme multiplicateur. Lorsque les unités du diviseur sont de même nature que les unités du dividende, le diviseur reste nombre concret, et c'est le quotient qui est considéré comme nombre abstrait, comme multiplicateur. (Voir n° 4 de ce chapitre.)

11° *Le dividende est-il le produit exact du diviseur par le quotient?*

Oui, quand ces trois nombres sont des nombres entiers ou des fractions exactes.

12° *Pourquoi, dans l'addition, écrit-on les unités sous les unités, les dizaines sous les dizaines, etc.?*

C'est afin de pouvoir additionner plus facilement les unités avec les unités, les dizaines avec les dizaines, les centaines avec les centaines, etc.; car, en additionnant des unités avec des unités, des dizaines avec des dizaines, etc., on obtient des unités, des dizaines, etc.; tandis que, si l'on ajoutait des unités à des dizaines, on n'obtiendrait ni des unités ni des dizaines au total; il serait impossible de se faire une idée du résultat qu'on obtiendrait.

13° *Quand on multiplie deux nombres inégaux par un même nombre, leur différence varie-t-elle?*

La différence est multipliée par ce nombre.

$$5 - 3 = 2;\ (5 \times 4) - (3 \times 4) = 2 \times 4.$$

14° *Pourquoi, dans la soustraction, ajoute-t-on 10, et non un autre nombre plus grand ou plus petit, à l'ordre d'unités trop faible du nombre supérieur?*

Parce que ce nombre 10 permet de faire la compensation nécessaire sur l'ordre suivant du nombre inférieur; si l'on ajoutait une autre quantité, il faudrait en tenir note et la retrancher du résultat quand l'opération serait terminée.

15° *Comment peut-on rendre égaux plusieurs nombres sans en changer la somme?*

En ajoutant ou retranchant, à chaque partie de la somme, la différence entre cette partie et le quotient du total par le nombre de parties.

$$15 + 35 + 28 = 78;\ \frac{78}{3} = 26;\ 26 - 15 = 11;\ 35 - 26 = 9;$$
$$28 - 26 = 2.$$
$$(15 + 11) + (35 - 9) + (28 - 2) = 26 + 26 + 26 = 78.$$

16° *Que devient une somme quand on multiplie par une même quantité tous les nombres qui concourent à la former?*

Elle est multipliée par ce nombre. (72)

17° *On multiplie par un nombre deux des parties qui concourent à former une somme; on divise par le même nombre deux autres parties de la somme. Y a-t-il compensation?*

Non, à moins que la somme des deux nombres multipliés n'égale celle des nombres divisés.

18° *Lorsque plusieurs nombres sont placés par ordre de grandeur, la somme des différences que l'on obtient en retranchant chacun de ces nombres de celui qui le suit immédiatement est égale à la différence des extrêmes.*

Soient les nombres 1, 19, 58, 209, 1854, 27792;

$$\begin{aligned} 19 - 1 &= d \\ 58 - 19 &= d' \\ 209 - 58 &= d'' \\ 1854 - 209 &= d''' \\ 27792 - 1854 &= d^{\text{IV}} \end{aligned}$$

Ajoutant membre à membre ces égalités, il vient :

$$27792 - 1 = d + d' + d'' + d''' + d^{\text{IV}}$$

C. Q. F. D.

19° *Démontrer que si deux nombres de trois chiffres sont écrits inversement, l'un par rapport à l'autre, leur différence est un multiple de 9 et de 11.*

Représentant par a, a' et a'' les chiffres de l'un de ces nombres :

$100\,a'' + 10\,a' + a =$ le nombre N.

Renversant, il vient: $100\,a + 10\,a' + a'' =$ le nouveau nombre N'.
Retranchant le second du 1er, il vient : $99\,a'' - 99\,a = \text{N} - \text{N}'$.
Or cette différence est un multiple de 9 et de 11.

20° *Trouver deux nombres dont la somme est 6612 et le quotient 75.*

Le grand nombre = 75 fois le petit. La somme = 75 fois + 1 fois le petit nombre. Le plus petit nombre est donc contenu 76 fois dans 6612; donc il égale $\frac{6612}{76} = 87$. Le plus grand égale $6612 - 87 = 6525$.

21° *On veut rendre 480 cent fois plus grand, quel nombre faut-il lui ajouter?*

$480 \times 100 = 480 + 480\,(100 - 1)$; il faut donc ajouter à 480 $480 \times 99 = 47520$.

22° *Supposé que deux nombres ne soient terminés ni par 0 ni par 5 ; quelle sera la différence des unités de leurs quatrièmes puissances?*

Les carrés des nombres 1, 2, 3, 4, 6, 7, 8, 9 sont 1, 4, 9, 16, 36, 49, 64, 81, terminés par 1, 4, 9, 6 ; les quatrièmes puissances de ces nombres seront donc terminées comme les carrés de 1, 4, 9, 6 ; or les carrés de ces nombres sont 1, 16, 81, 36 :

Réponse : 1 — 6, 6 — 1, ou 6 — 6, ou 1 — 1.

23° *Pourquoi commencer les trois premières opérations par la droite?*

Parce que chaque opération partielle peut produire ou demander des dizaines de l'ordre sur lequel on opère ; ces dizaines sont des unités de l'ordre supérieur, auquel il faut les ajouter ou les retrancher. Sans cette circonstance, on pourrait commencer par n'importe quel ordre d'unités.

24° *Combien un produit de* m *facteurs renferme-t-il de chiffres?*

Au maximum, autant qu'il y a de chiffres dans tous les facteurs ; au minimum, autant qu'il y a de chiffres dans tous les facteurs, $-(m-1)$.

$99 \times 99 \times 99 = 970\,299$. $m = 3$; 2 chiffr. $\times$ 3 = 6 chiffr. Max.
$10 \times 10 \times 10 = 1\,000$. $m = 3$; (2 ch. $\times$ 3) $-$ (3 $-$ 1) = 4 ch. Min.

25° *On ajoute 8 à l'un des facteurs d'un produit et l'on retranche 8 à l'autre facteur ; y a-t-il compensation?*

Non, à moins que 8 ne soit la différence entre les deux facteurs, et que le plus grand ne subisse la diminution.

Soient a et b les deux facteurs, a le plus petit ; leur produit est ab. (A)

Ajoutant 8 à a, retranchant 8 à b, et effectuant le produit de ces nouveaux facteurs, il vient $(a + 8) \times (b - 8) = ab + 8b - 8a - 64$. (B)

Le produit (B) égale le produit (A) seulement dans le cas où $8b - 8a - 64 = 0$, c'est-à-dire lorsque $8b - 8a = 64$, ce qui revient à $b - a = 8$. C. Q. F. D.

En ajoutant 8 au grand nombre, et réciproquement, la dernière égalité deviendrait $a - b = 8$; égalité absurde, puisque a est plus petit que b.

26° *Dans toute division, le reste est plus petit que la moitié du dividende.*

Car le diviseur est plus grand ou plus petit que la moitié du dividende, ou égal à cette moitié. S'il est plus grand, le quotient est 1, et le reste est évidemment plus petit que la moitié du dividende; si le diviseur est plus petit que la moitié du dividende, le reste, qui doit être plus petit que le diviseur, est, *a fortiori*, plus petit que la moitié du dividende. Si le diviseur est la moitié du dividende, le reste est nul. Donc...

27° *Multiplier* 3457674 *par* 9 *ou par* 11, *en faisant une simple soustraction ou une addition.*

$$3457674 \times 11 \text{ ou } \times 9 = 3457674 \times (10 \pm 1) =$$
$$34576740 - 3457674 \text{ ou bien } 34576740 + 3457674.$$

28° *Quel est le nombre des chiffres d'un quotient par rapport au nombre des chiffres du dividende et du diviseur?*

Le nombre des chiffres du quotient égale celui des chiffres du dividende diminué de celui des chiffres du diviseur, ou cette différence + 1. (89)

29° *Trouver le produit de* 345 *par* 699 *en ne faisant qu'un produit partiel.*

Remarquons d'abord que $699 = 700 - 1$; donc $345 \times 699 = 345 \times (700 - 1)$; d'où $345 \times (700 - 1) = 345 \times [(100 \times 7) - 1] = (345 \times 100 \times 7) - 345 = (34500 \times 7) - 345 = 241255$.

30° *Multiplier* 8456 *par* 246 *en faisant deux produits partiels, l'un par* 6, *l'autre par* 4.

$$246 = 6 + 240 = 6 + 6\ (4 \times 10).$$
$$8456 \times 246 = 8456 \times 6 + (8456 \times 6) \times 4 \times 10.$$

31° *Multiplier* 36 *par* 5 *en le divisant par* 2; *par* 25, *en le divisant par* 4; *par* 125, *en le divisant par* 8.

$$36 \times 5 = \frac{36}{2} \times 5 \times 2 = \frac{36}{2} \times 10 = 180;$$
$$36 \times 25 = \frac{36 \times 5^2 \times 2^2}{2^2} = \frac{3600}{4}; \text{ etc.}$$
$$36 \times 125 = \frac{36 \times 125 \times 8}{8} = \frac{36000}{8}.$$

32° *Diviser* 84 *par* 5, 25, 125..., *en multipliant par* 2, 4, 8...

$$\frac{84}{5} = \frac{84 \times 2}{5 \times 2} = \frac{84}{10} \times 2;\ \frac{84 \times 2 \times 2}{5^2 \times 2^2} = \frac{84 \times 4}{100};\ \text{etc.}$$

33° *Le produit de deux nombres entiers égale* 10000000000; *trouver chacun des deux nombres.*

$10^{10} = 2^{10} \times 5^{10}$; donc, il y a plusieurs solutions. (82)

$(2 \times 5^2)\ (2^9 \times 5^8)$; $(2^2 \times 5^2)\ (2^8 \times 5^8)$; etc.

34° *Diviser un nombre par une puissance de* 10, *augmentée ou diminuée de* 1.

1° Le diviseur est une puissance de 10 diminuée de 1, et le dividende contient exactement le diviseur.

Soit à diviser 120879 par 999. Le quotient aura 3 chiffres. Le dividende égale 999 fois le quotient. Si le diviseur était 1000, le quotient restant le même, le dividende serait égal à 1000 fois le quotient et serait alors terminé par 000. Or le plus petit nombre de 4 chiffres (1000), ajouté au dividende, ne ferait changer que le chiffre des mille, 121879; le quotient n'ayant que trois chiffres, et le nouveau dividende devant être terminé par 000, serait évidemment 121000. $121000 = 1000 \times q$; $120879 = 999 \times q$; $121000 - 120879 = (1000 - 999)\,q = q = 121$.

Règle. Il suffit de séparer à la droite du dividende autant de chiffres qu'en contient le diviseur, puis d'ajouter 1 au dernier chiffre restant à la droite du dividende.

Du nombre ainsi formé suivi d'autant de zéros qu'on avait d'abord séparé de chiffres à droite, on retranchera le dividende, le reste est le quotient.

Remarque. Pour que cette règle soit applicable, le diviseur doit avoir au moins autant de chiffres que le quotient.

2° Le diviseur est une puissance de 10 augmentée de 1, et le dividende contient exactement le diviseur.

Les différents diviseurs sont 11, 101, 1001, etc.

Soit d'abord à diviser 9592 par 11.

Supposant l'opération effectuée, le quotient est 872.

$$9592 = 872 \times 11 = 872 \times (10 + 1) = 8720 + 872 =$$
$$8^m + (7^c + 8^c) + (2^d + 7^d) + 2.$$

Par l'inspection du dernier membre des égalités précédentes, on voit qu'étant donné le nombre 9592 dont on cherche le quotient par 11, on peut immédiatement écrire le chiffre des unités du quotient, qui est le même que le chiffre 2 des unités du dividende.

On voit en outre qu'en retranchant 2 de (2 + 7), le reste sera le chiffre des dizaines du quotient, etc.

Règle. Donc, pour diviser par 11 un nombre remplissant les conditions indiquées ci-dessus, il suffit de placer, sous les dizaines du dividende, le chiffre des unités suivi d'un zéro.

On effectuera la soustraction en tenant compte des retenues. Le deuxième chiffre du reste sera employé comme troisième chiffre du nombre à soustraire; ainsi de suite jusqu'à l'avant-dernier chiffre; le reste définitif est le quotient.

On peut appliquer cette règle sur l'exemple suivant :

$$10864194 : 11 = \begin{array}{r} 10864194 \\ 9876540 \\ \hline 987654 \end{array}$$

Soit maitenant à diviser 8732724 par 1001. Le quotient est 8724.

$$8732724 = 8724 \times 1001 = 8724000 + 8724. \ (a)$$

$$8724000 + 8724 = 8^{m} + 7^{cm} + 2^{dm} + (4^{m} + 8^{m}) + 7^{c} + 2^{d} + 4^{u}.$$

10 étant à la troisième puissance, la première partie du dividende de l'égalité (a) est terminée par trois zéros; les trois derniers chiffres de la seconde partie sont donc intégralement les trois derniers chiffres du dividende. Or cette seconde partie est le quotient lui-même.

Règle. On sépare les trois derniers chiffres du dividende, on les fait suivre de trois zéros, et le nombre ainsi formé, retranché de la partie correspondante du dividende, donne pour reste le quotient.

Soit à diviser 9765756 par 1001, on aura :

$$9765756 : 1001 = 9756.$$

En effet, les trois derniers chiffres du dividende sont 756; ces chiffres suivis de trois zéros forment le nombre 756000, qui a six chiffres; ce nombre, étant retranché du nombre formé par les six derniers chiffres du dividende, donnera pour reste le quotient cherché, et l'on aura :

$$765756 - 756000 = 9756.$$

Pour les autres puissances de 10 augmentées de 1, on observerait la même règle, ayant soin seulement de séparer, à la droite du dividende, autant de chiffres que l'indique le degré de la puissance de 10 du diviseur.

35° *Lorsqu'on ajoute 1 à chacun des deux facteurs d'un produit, de quoi est augmenté ce produit? Faire voir à quoi est égale la différence des carrés de deux nombres entiers consécutifs.*

1° Représentant le multiplicande par m et le multiplicateur par n; le produit $= m \times n = mn$.

Soit $(m+1) \times (n+1)$, le produit $= mn + m + n + 1$.

La différence $= (mn + m + n + 1) - mn = m + n + 1$, ou la somme des deux facteurs $+ 1$.

2° Deux nombres consécutifs sont de la forme n, $n + 1$; leurs carrés sont respectivement n^2, $n^2 + 2n + 1$; la différence de ces carrés $= (n^2 + 2n + 1) - n^2 = 2n + 1$, c'est-à-dire le double du petit nombre $+ 1$.

36° *Quand on multiplie les mille du multiplicande par les centièmes du multiplicateur, quel ordre d'unités exprime le produit?*

Multiplier un nombre par 0,01, c'est prendre le centième de ce nombre, le produit exprime donc la centième partie d'une unité de mille ou une dizaine d'unités.

37° *Qu'y a-t-il à remarquer au sujet du chiffre des unités des multiples consécutifs de 9, de 8...?*

$9 = 10 - 1$; $9 \times 2 = (10 - 1) \times 2 = (10 \times 2) - 2 = 18$; $9 \times 3 = (10 - 1) \times 3 = (10 \times 3) - 3 = 27$, etc. Le chiffre des unités des multiples successifs de 9 forme la série des 9 premiers nombres, allant en décroissant et suivis de 0. Ex. : 9, $_18$, $_27$, $_36$, $_45$, $_54$, $_63$..., 81, 90... On verrait de même que les chiffres des unités des multiples successifs offrent la série décroissante des 4 premiers nombres pairs, suivis de 0. Ex. : 8, $_16$, $_24$, $_32$, $_40$...

38° *Le quotient d'une division était* 15; *on change le diviseur, le quotient devient* 20 : *quelle opération a-t-on faite sur le diviseur?*

Le quotient est devenu les $\frac{20}{15}$ ou les $\frac{4}{3}$ de ce qu'il était. Représentant le dividende par D, le diviseur primitif par d, le quotient par q, le 2e diviseur par d', il vient, d'une part, $D = d \times q$; de l'autre, $D = d' \times \frac{4}{3}\,q$. D'où l'on tire $d \times q = d' \times \frac{4}{3}\,q$; $d' = \frac{d \times q}{\frac{4}{3}\,q} = \frac{d}{\frac{4}{3}} = \frac{3}{4}\,d$. Le nouveau diviseur est donc les $\frac{3}{4}$ du 1er.

39° *Dans quel cas le produit d'une multiplication peut-il augmenter ou diminuer d'une unité par suite de changements survenus aux facteurs? (On suppose les facteurs entiers.)*

Lorsque l'un des deux facteurs est 1, et que l'autre augmente ou diminue de 1.

40° *Lorsqu'on augmente d'un nombre égal au diviseur le dividende et le diviseur, que devient le quotient?*

Le nouveau quotient est la $\frac{1}{2}$ du premier $+ \frac{1}{2}$. En effet, le dividende, le diviseur et le quotient étant respectivement représentés par D, d, q, on avait d'abord $\frac{D}{d} = q$; ajoutant d aux 2 termes de la fraction $\frac{D}{d}$, il vient $\frac{D+d}{2d} = \frac{D}{2d} + \frac{d}{2d}$.

Or $\frac{D}{2d} = \frac{q}{2}$; $\frac{d}{2d} = \frac{1}{2}$: donc $\frac{D+d}{2d} = \frac{q}{2} + \frac{1}{2}$.

41° *Lorsqu'on ajoute au produit de deux nombres la somme et la différence de ces nombres, dans quel cas obtient-on le carré du plus grand?*

C'est dans le cas où le grand nombre a 2 unités de plus que le petit. En effet, soit m le petit nombre, $m + 2$ le grand : le produit $= (m+2) \times m = m^2 + 2\,m$; la somme $= 2\,m + 2$, la différence $= 2$. Additionnant ces 3 résultats, on a :

$$m^2 + 2\,m + 2\,m + 2 + 2 = m^2 + 4\,m + 4 = (m+2)^2.$$

42° *On a divisé* A *par* B ; *on recommence l'opération après avoir ajouté une unité au diviseur. Retrouvera-t-on le même quotient?*

Le quotient est plus petit. Pour avoir la différence, soit $q = \frac{A}{B}$, $q' = \frac{A}{B+1}$; $q - q' = \frac{A}{B} - \frac{A}{B+1} = \frac{A(B+1)}{B(B+1)} - \frac{AB}{(B+1)B} = \frac{(AB+A) - AB}{B(B+1)} = \frac{A}{B(B+1)}$

43° *On a divisé* A *par* B; *on recommence l'opération après avoir ajouté une unité au dividende. Retrouvera-t-on le même quotient?*

Le quotient sera plus fort. En effet, $q = \frac{A}{B}$, $q' = \frac{A+1}{B}$; $q' - q = \frac{A+1}{B} - \frac{A}{B} = \frac{1}{B}$.

44° *Mêmes questions que* 42° *et* 43°, *en supposant que l'on ajoute successivement* m *unités à chacun des deux termes de la division.*

Dans le 1er cas, $q - q' = \frac{a}{b} - \frac{a}{b+m} = \frac{a(b+m)}{b(b+m)} - \frac{ab}{b(b+m)}$ $= \frac{ab + am - ab}{b(b+m)} = \frac{am}{b(b+m)}$.

Dans le 2e cas, $q' - q = \frac{a+m}{b} - \frac{a}{b} = \frac{a+m-a}{b} = \frac{m}{b}$.

45° *En multipliant un certain nombre* A *par* 640, *on a obtenu un nombre égal au multiplicateur, plus* 45000. *Trouver* A.

Multipliant A par 640, il vient 640 A; 640 A = A + 639 A. Or ces 639 A = 45000; $A = \frac{45000}{639} = 70 + \frac{270}{639}$.

46° *La somme de deux nombres est* S; *leur quotient est* Q: *quels sont ces deux nombres?*

Appelons a le petit nombre, le grand est aQ. Par hypothèse, $aQ + a = S$; $a(Q+1) = S$; $a = \frac{S}{Q+1}$; $aQ = \frac{SQ}{Q+1}$.

47° *Paul a* 25 *francs de plus que Pierre; si le premier avait* 10 *francs de plus, il posséderait* 7 *fois autant que le second. Quelle somme a Pierre?*

Soit x la part de Pierre; Paul a $x + 25$; et, avec l'augmentation en question, $x + 35$. Or $x + 35 = 7x$; $6x = 35$, $x = \frac{35}{6} =$ 5 fr. $\frac{5}{6}$. Pierre a 5 fr. $\frac{5}{6}$; Paul, 30 fr. $\frac{5}{6}$.

48° *Multiplier* 14743 *par* 97 *en faisant une simple soustraction.*

$97 = 100 - 3$; $14743 \times 97 = 14743 \times (100 - 3) = 1474300 - (14743 \times 3) = 1474300 - (14743 + 14743 + 14743) = (1474300 - 14743) - (14743 + 14743) = 1459557 - (14743 + 14743) = (1459557 - 14743) - 14743 = 1444814 - 14743 = 1430071$.

49° *Multiplier* 19847548 *par* 3248648 *en faisant seulement quatre produits partiels.*

Le nombre $3248648 = 3200000 + 48000 + 640 + 8$.
(Pour abréger, désignons le multiplicande par m.)

Multiplions d'abord 19847548 par 8, ce qui donne — 158780384

Multiplions m par 640, ce qui donne $m \times 640 = m \times (8 \times 80) = (m \times 8) \times 80 = (158780384 \times 10) \times 8 = 1587803840 \times 8 =$ — 12702430720

Multiplions m par 48000, ce qui donne $m \times 8 \times 6000 = 158780384 \times 6000 =$ — 952682304000

Multiplions m par 3200000, ce qui donne $(m \times 640) \times 5000 = 12702430720 \times 5000 =$ — 63512153600000

Total : 64477697115104

50° *Multiplier* 475 *par* 578 *en multipliant seulement par* 8 *et par* 7.

Le nombre $578 = 570 + 8$; $570 = 490 + 80$; $490 = 7 \times 7 \times 10$; et $80 = 8 \times 10$. Multiplions d'abord 475 par 8, ce qui donne 475×8 — 3800

Ensuite, multiplions 475 par 7, le produit résultant par 7, et le second produit résultant par 10; nous obtenons $475 \times 7 \times 7 \times 10 =$ — 232750

Enfin, multiplions 475 par 8, et le produit résultant par 10; nous obtenons $475 \times 8 \times 10 =$ — 38000

Total et réponse : 274550

51° *Multiplier* 347 *par* 26, *en n'écrivant qu'un produit partiel.*

On multiplie, de droite à gauche, chaque chiffre du multiplicande, successivement par les 2 chiffres du multiplicateur, et on fait immédiatement la somme des 2 produits.

Les derniers chiffres de ces différents totaux formeront respectivement les chiffres de la réponse. Les autres chiffres seront employés comme retenues, sauf au dernier total, où ils deviendront partie intégrante du résultat.

$347 \times 26 = (3^c + 4^d + 7^u) \times (2^d + 6^u)$.

$7^u \times 26 = 7^u \times (2^d + 6^u)$; $7 \times 2^d = 14^d$, $7 \times 6 = 4^d + 2^u$; $14^d + 4^d + 2^u = 18^d + 2^u$; — 2^u

$4^d \times 26 = 4^d \times (2^d + 6^u)$; $4^d \times 2^d = 8^c$; $4^d \times 6^u = 24^d$; $8^c + 24^d = 10^c + 4^d$; $10^c + 4^d + 1^c + 8^d = 12^c + 2^d$ — 2^d

$3^c \times 26 = 3^c \times (2^d + 6^u)$; $3^c \times 2^d = 6^m$; $3^c \times 6^u = 18^c = 1^m + 8^c$; $6^m + 1^m + 8^c + 1^m + 2^c =$ — $9^m\ 0^c$

Total : 9022

52° *Multiplier 4527 par 3436 en n'écrivant que deux produits partiels.*

$4527 \times 3436 = 4527 \times (3400 + 36)$.

D'après le numéro précédent, $4527 \times 36 =$ 162972

2° $4527 \times 3400 = (4^m + 5^c + 2^d + 7^u) \times (3^m + 4^c)$.

$7^u \times (3^m + 4^c) = (7^u \times 3^m) + (7^u \times 4^c) = 21^m + 2^m + 8^c = 23^m + 8^c$ 8^c

$2^d \times (3^m + 4^c) = (2^d \times 3^m) + (2^d \times 4^c) = 6^{dm} + 8^m$; $6^{dm} + 8^m + 2^{dm} + 3^m = 9^{dm} + 1^m$ 1^m

$5^c \times (3^m + 4^c) = (5^c \times 3^m) + (5^c \times 4^c) = 15^{cm} + 20^{dm} = 17^{cm}$; $17^{cm} + 9^{dm} = 17^{cm} + 9^{dm}$ 9^{dm}

$4^m \times (3^m + 4^c) = (4^m \times 3^m) + (4^m \times 4^c) = 12^m + 16^{cm} = 13^m + 6^{cm}$; $13^m + 6^{cm} + 17^{cm} = 153^{cm}$ 153

Total : 15554772

53° *Écrivez le produit de 457893 par 11, en additionnant chaque chiffre avec son voisin de la manière convenable.*

$$11 = 10 + 1;$$

$$457893 \times 11 = 457893 \times (10 + 1) = 4578930 + 457893.$$

On voit qu'il suffit, après avoir posé le chiffre des unités 3 de 457893, d'ajouter de droite à gauche, à chaque chiffre, celui qui le précède immédiatement, en tenant compte des retenues.

Ex. : 3; $9 + 3 = 12$, je retiens 1; $8 + 9 = 17$; $17 + 1 = 18$, je retiens 1, etc.

Réponse : 5036823.

CHAPITRE III

DIVISIBILITÉ

1° *Trouver tous les diviseurs communs des nombres :* 24, 60, 72, 120, 180.

On décompose ces nombres en leurs facteurs premiers, et l'on obtient les diviseurs communs en combinant les facteurs communs à tous les nombres :

$$\begin{aligned} 24 &= 2 \times 2 \times 2 \times 3 \\ 60 &= 2 \times 2 \times 3 \times 5 \\ 72 &= 2 \times 2 \times 2 \times 3 \times 3 \\ 120 &= 2 \times 2 \times 2 \times 3 \times 5 \\ 180 &= 2 \times 2 \times 3 \times 3 \times 5 \end{aligned}$$

Les facteurs communs sont 2^2 et 3 ; donc les diviseurs communs de ces nombres sont : 1, 2, 2^2, 3, 2×3 et $2^2 \times 3$.

2° *Combien y a-t-il de nombres plus petits que un million, qui soient communs multiples de* 7, 11 et 13 ?

Il y en a autant que de multiples de $7 \times 11 \times 13 = 1001$, c'est-à-dire $\frac{1000000}{1001} = 999$.

3° *Tout nombre entier a autant de diviseurs plus grands que sa racine qu'il en a de plus petits.*

Chaque diviseur donne lieu à un quotient. Toutes les fois que le diviseur est plus petit que la racine, le quotient est plus grand. Donc, etc.

4° *Trouvez tous les diviseurs du nombre 1000 et faites-en la somme ; trouvez l'expression de leur somme et de la somme de leurs carrés.*

$1000 = 2^3 \times 5^3$; les diviseurs sont :
1, 5, 25, 125, 2, 10, 50, 250, 4, 20, 100, 500, 8, 40, 200, 1000;
leur somme : $(1 + 2 + 4 + 8)(1 + 5 + 25 + 125) = 2340$ (a) ;
carrés : $(1^2 + 2^2 + 4^2 + 8^2)(1^2 + 5^2 + 25^2 + 125^2) = 1383460$ (b).

En effet, en effectuant la multiplication (a), tous les diviseurs simples et composés de 1000 se trouvent évidemment exprimés ; et la multiplication (b) donne la somme des carrés de ces mêmes diviseurs.

5° *Lorsqu'un nombre est un carré parfait, tous ses facteurs premiers autres que l'unité ont un exposant pair.*

Car la racine est le produit d'un certain nombre de facteurs premiers ; quand on l'élève au carré, les exposants des facteurs premiers sont doublés. (82)

Donc ils deviennent pairs, s'ils ne le sont pas déjà.

6° *Si un nombre entier est un carré parfait, il a un nombre impair de diviseurs.*

En effet, puisque tous les exposants des facteurs d'un carré parfait sont pairs, le nombre des diviseurs de ce nombre a pour expression : (186)

$(n + 1)(n' + 1)(n'' + 1)(\ldots\ldots)$, or tous les facteurs de ce produit sont impairs (voir 5°); donc le produit est impair.

7° *Décomposez* 360 *en deux facteurs entiers.*

$360 = 2^3 \times 3^2 \times 5 \times 1$; d'où le problème est indéterminé ; car, si l'on prend l'un quelconque des diviseurs de 360 pour facteur, l'autre facteur sera formé du produit des autres diviseurs de 360.

8° *Combien de fois un nombre donné peut-il être le produit de deux facteurs entiers ?*

Soit n le nombre de diviseurs. Si n est pair, puisque les diviseurs employés deux à deux comme facteurs font double emploi, le nombre de produits différents $= \frac{n}{2}$. Si n est impair, le nombre est un carré parfait, et la formule devient $\frac{n+1}{2}$, à cause de la racine carrée qui est employée 2 fois comme facteur.

9° *La somme de tous les nombres entiers, inférieurs à un nombre premier, est toujours divisible par ce nombre premier.*

Soit p le nombre premier; soit $1, 2, 3, 4, \ldots\ldots p-2, p-1$, la suite des nombres entiers inférieurs à p.

La somme de deux quelconques de ces nombres, pris à égale distance des extrêmes, 1 et $p-1$, est égale à p.

$(p-1)+1=p$; $(p-2)+2=p$; etc.

La valeur moyenne de chacun de ces nombres est donc $\frac{p}{2}$, et leur somme égale $\frac{p}{2} \times (p-1) = \frac{(p-1)p}{2}$. Or p est un nombre impair; donc $(p-1)p$ est un nombre pair et $\frac{(p-1)p}{2}$ est un nombre entier. Donc ce nombre est divisible par p et donne pour quotient $\frac{p-1}{2}$.

Remarque. Cette propriété n'existe pas pour le nombre 2.

10° *La somme des nombres entiers, inférieurs à un nombre quelconque, est toujours un multiple de ce nombre, quand celui-ci est impair.*

Soit 19 un nombre impair quelconque; la somme des nombres entiers qui lui sont inférieurs est $1+2+3+4+5+\ldots\ldots 18$.

La somme de deux de ces nombres pris à égale distance des extrêmes égale 19; donc $\frac{1+2+3+4+5+\ldots\ldots 18}{2}$ est un nombre entier. (Voir 9°)

11° *Trouvez combien il y a de nombres premiers avec* 1000 *et inférieurs à* 1 000 *et faites-en la somme.*

Soit N la quantité de nombres inférieurs à 1 000 et premiers avec 1 000.

$1\,000 = 2^3 \times 5^3$. Les nombres pairs ne sont pas premiers avec 1000; il y en a 500 ou $1\,000\left(1-\frac{1}{2}\right)$. Il reste 500 nombres à considérer.

Les multiples de 5 compris dans ces 500 nombres ne sont pas premiers avec 1 000; il y en a $\frac{500}{5}=100$.

$$N=500-100=500\left(1-\frac{1}{5}\right)=1\,000\left(1-\frac{1}{2}\right)\left(1-\frac{1}{5}\right)=400.$$

La somme de ces 400 nombres, $S = (1 + 3 + 5 + 7 + \ldots + 997 + 999) - (5 + 15 + 25 + \ldots 985 + 995)$.

Or, les nombres 1, 3, 5, 7,... 997, 999, croissant régulièrement de deux unités, il est évident que la somme de deux de ces nombres pris à égale distance des extrêmes 1 et 999 est constante, $1 + 999 = 3 + 997 = 5 + 995 = 1000$; la valeur moyenne de chacun de ces nombres est donc $\frac{1+999}{2}$, et leur somme $= \frac{1+999}{2} \times 500 = \frac{1000}{2} \times 500$.

Les nombres 5, 15, ... 985, 995 croissant de 10 en 10 unités, le même raisonnement fait voir que la valeur moyenne de chacun de ces nombres est $\frac{5+995}{2} = \frac{1000}{2}$, et leur somme $\frac{1000}{2} \times 100$.

Donc $S = \left(\frac{1000}{2} \times 500\right) - \left(\frac{1000}{2} \times 100\right) = \frac{1000}{2} \times 400 = \frac{1000}{2} \times N$. Or, $N = 1000\left(1 - \frac{1}{2}\right)\left(1 - \frac{1}{5}\right)$.

Donc $S = \frac{1000 \times 1000}{2}\left(1 - \frac{1}{2}\right)\left(1 - \frac{1}{5}\right) = 200000$.

Plus généralement, si l'on désigne par m le nombre auquel sont inférieurs les nombres premiers dont on cherche la quantité et la somme, et si l'on désigne par a, par b, etc., les facteurs premiers du nombre m, on aura :

$$N = m\left(1 - \frac{1}{a}\right)\left(1 - \frac{1}{b}\right).$$

$$S = \frac{m^2}{2}\left(1 - \frac{1}{a}\right)\left(1 - \frac{1}{b}\right).$$

12° *Lorsque le double des dizaines d'un nombre, augmenté ou diminué des unités de premier ordre de ce nombre, donne une somme ou une différence divisible par 4, le nombre est divisible par 4.*

Représentons par a les unités, par b les dizaines et par $4m$ les autres ordres évidemment multiples de 4.

$N = 4m + 10b + a = 4m + 8b + 2b + a$; si $2b + a$ ou $2b - a$ est un multiple de 4, le nombre est lui-même multiple de 4.

13° *Si l'on diminue un nombre entier du chiffre de ses unités, et du double de celui des dizaines, on obtient un reste divisible par 4.*

Démonstration précédente.

$4m + 10b + a - (2b + a) = 4m + 8b =$ un multiple de 4.

14° *Tout nombre entier diminué du chiffre de ses unités, du double de celui des dizaines et du quadruple de celui des centaines est divisible par* 8.

$1000m + 100c + 10b + a - (4c + 2b + a) = 1000m + 96c + 8b.$ C. Q. F. D.

15° *Toute puissance paire de* 100, *diminuée de* 1, *est un multiple de* 3, 9, 11, 33, 99, 101.

En effet, $100^2 - 1 = 99 \times 101$; $100^4 - 1 = (100^2 + 1)(100^2 - 1)$, et ainsi de suite.

Le produit de la somme de 2 nombres par leur différence est égal à la différence des carrés de ces nombres. Or, toute puissance paire de 100, aussi bien que 1 est un carré.

16° *Toute puissance de* 1000, *diminuée de* 1, *est un multiple de* 3, 9, 27, 37, 111, 333, 999.

En effet, $1000 - 1 = 999 = 111 \times 9 = 333 \times 3 = 37 \times 3 \times 9 = 27 \times 37$. $1000^2 - 1 = (999 + 1)(999 + 1) - 1 = 999^2 + (2 \times 999) + 1 - 1 = 999^2 + (2 \times 999)$; etc.

17° *Toute puissance paire de* 1000, *diminuée d'une unité, donne pour reste un nombre divisible par* 7, 11, 13, 77, 91, 143 et 1001.

En effet, $1000^2 - 1 = 999999 = 999 \times 1001$. (Voir 15°.)

$$1001 = 7 \times 11 \times 13.$$

D'après le n° 184, tous les diviseurs simples et composés de 1001 sont: 1, 7, 11; $7 \times 11 = 77$; 13; $7 \times 13 = 91$; $11 \times 13 = 143$; $77 \times 13 = 1001$.

18° *Toute puissance impaire de* 1000, *augmentée d'une unité, est un multiple des mêmes nombres.*

En effet, $\frac{1000^3 + 1}{1000 + 1} = \frac{1000^3 + 1}{7 \times 11 \times 13}$. Or $\frac{1000^3 + 1}{1001}$ est un nombre entier $= 999001$. Il en est de même de toute puissance impaire de 1000. Donc...

19° *Le nombre* 1235801567 *est-il divisible par* 7, 11, 13, 77, 91, 143, 1001?

Oui, car il égale $1000000000 + 235000000 + 801000 + 567 = 10^9 + (10^6 \times 235) + (10^3 \times 801) + 567$ (voir nos 17 et 18) = (multiple de 1001 — 1) + (multiple de 1001 + 1) 235 + (multiple de 1001 — 1) 801 + 567 = multiple de 1001 — 1 + multiple de 1001 + 235 + multiple de 1001 — 801 + 567 = multiple de 1001 + (567 — 801 + 235 — 1) = multiple de 1001 + 0.

20° *Trouver deux nombres qui soient entre eux comme* 15 *est à* 24 *et qui aient pour p. g. c. d.* 21.

Ces nombres sont entre eux comme 24 est à 15 ou comme 8 est à 5.

Multipliant 8 et 5 par le p. g. c. d. 21, il vient 105 et 168.

21° *La somme de deux nombres est* 168; *leur p. g. c. d. est* 24; *quels sont ces nombres?*

Soient a et b les quotients obtenus en divisant les deux nombres demandés par le p. g. c. d. 24.

Ces nombres sont évidemment $24a$, $24b$. Or, par hypothèse, $24a + 24b = 168$; $24(a + b) = 168$.

$$a + b = \frac{168}{24} = 7 = 6 + 1 = 5 + 2 = 4 + 3.$$

On voit que cette question est indéterminée. Elle admet trois réponses: 120 et 48, 24 et 144, 72 et 96.

22° *Partager* 144 *en trois parties inégales dont* 12 *soit le p. g.c. d.*

Soient a, b, c les quotients respectifs des nombres donnés par leur p. g. c. d. 12.

D'après le n° précédent, $a + b + c = \frac{144}{12} = 12 = 11 + 1 = 10 + 2 = 9 + 3$, etc. Donc, il y a six solutions.

132 et 12; 120 et 24; 108 et 36; 96 et 48; 84 et 60; 72 et 72.

23° *Le p. g. c. d. de deux nombres est* 5; *les quotients des divisions que l'on fait pour l'obtenir sont* 1, 3, 2; *quels sont ces nombres?*

$5 \times 2 = 10$; $(10 \times 3) + 5 = 35$; $(35 \times 1) + 10 = 45$.

Réponse : 35 et 45.

Il suffit de reprendre inversement les opérations de la recherche du p. g. c. d. (159)

24° *Deux nombres ont pour produit leur p. g. c. d. par leur p. p. c. m.*

En effet, le p. g. c. d. est le produit des facteurs communs avec leur plus faible exposant; le p. p. c. m. est le produit des facteurs communs et non communs avec leur plus fort exposant. Le produit du p. g. c. d. par le p. p. c. m. contient donc tous les facteurs des nombres en question, et il ne contient que ces facteurs.

Soit 45×60. On peut écrire les deux égalités

$$45 = (3 \times 3 \times 5);\ 60 = (2 \times 2 \times 3 \times 5).$$

Multipliant ces égalités membre à membre, on obtient

$$45 \times 60 = 2^2 \times 3^3 \times 5^2. \text{ Or le p. g. c. d.} = 3 \times 5,$$
$$\text{le p. p. c. m.} = 2^2 \times 3^2 \times 5,$$
$$(2^2 \times 3^2 \times 5)(3 \times 5) = 2^2 \times 3^3 \times 5^2. \text{ Donc...}$$

25° *Prouver qu'un nombre entier quelconque est toujours la somme de plusieurs puissances de 2, si le nombre est pair, et cette même somme + 1, si le nombre est impair.*

En effet, tout nombre pair est divisible par 2; car, en ajoutant la première puissance de 2 un certain nombre de fois à une autre puissance de 2, on obtient le nombre proposé quel qu'il soit.

$$14 = 2^3 + 2^2 + 2;\ 876 = 2^9 + 2^8 + 2^6 + 2^5 + 2^3 + 2^2; \text{ etc.}$$

26° *Tous les nombres premiers autres que 2 et 3 égalent* $6n \pm 1$.

En effet, tous les nombres compris entre les multiples de 6, sauf ceux qui précèdent ou suivent ces multiples, sont pairs ou multiples de 3; ce dont il est facile de se convaincre en consultant le n° 179 (crible d'Ératosthène).

Les nombres voisins des multiples de 6 peuvent donc seuls être premiers. Il y a exception pour 1, 2, 3.

27° *Le produit de trois nombres entiers consécutifs est toujours divisible par 6.*

En effet, il y a toujours au moins un nombre pair et un nombre divisible par 3; or, le produit de ce nombre pair et du multiple de 3 est divisible par 2×3.

28° *Déterminer le plus petit des nombres qui ont 120 diviseurs.*

L'expression du nombre des diviseurs d'un nombre est $(n+1)(n'+1)(n''+1)(\ldots\ldots)$. (185)

Ce produit égale, par hypothèse, 120.

Or les facteurs premiers de 120 sont $2^3 \times 3 \times 5$, ou $8 \times 3 \times 5$.

Diminuant ces trois nombres d'une unité, en observant que les restes 7, 2, 4 sont les exposants des facteurs premiers du nombre cherché ; remarquant, d'ailleurs, que ce nombre sera d'autant plus petit que les exposants les plus grands seront affectés aux facteurs les plus faibles, on conclura que le nombre cherché égale :

$$2^7 \times 3^4 \times 5^2 = 259200.$$

Ce nombre a $(7+1) \times (4+1) \times (2+1) = 120$ diviseurs.

L'expérience montre que toute autre manière d'opérer conduit à un résultat supérieur à 259200.

29° *Tout nombre premier avec 2 est un multiple de 4 augmenté ou diminué de 1.*

En effet, les nombres impairs sont tous premiers avec 2; or ils sont nécessairement consécutifs avec 4 ou ses multiples; donc, etc.

30° *Si les diviseurs d'un nombre* N *sont écrits dans l'ordre de leur grandeur, le produit de deux diviseurs pris à égale distance des extrêmes est égal à* N.

On peut l'expérimenter dans un nombre quelconque dont les facteurs seraient 1, a^3, b^4, c^2.

$$1,\ a,\ a^2,\ a^3$$
$$b,\ ab,\ a^2 b,\ a^3 b$$
$$\ldots\ldots\ a^3 b^4 c^2$$
$$1 \times a^3 \times b^4 \times c^2 = \mathrm{N};$$
$$a \times a^2 b^4 c^2 = a^3 b^4 c^2 = \mathrm{N}, \text{ etc.}$$

31° *Un nombre est divisible par 11 quand la somme de ses tranches de deux chiffres, de droite à gauche, est un multiple de 11.*

$100 = m\,11 + 1$; toute puissance de 100, diminuée de 1, est multiple de 11. Ex. : $100^2 = 100 \times 100 = (m\,11 + 1)(m\,11 + 1) = m^2\,11^2 + 2\,m\,11 + 1 = m\,11 + 1$. D'où $100^n - 1 = m\,11$.

Soit 12483471; $12 + 48 + 34 + 71 = m\,11$; tout le nombre est multiple de 11, car $12483471 = 12000000 + 480000 + 3400 + 71 = 12\,(1000000 - 1) + 12 + 48\,(10000 - 1) + 48 + 34\,(100 - 1) + 34 + 71 = 12\,(100^3 - 1) + 12 + 48\,(100^2 - 1) + 48$, etc., etc., $= 12\,(m\,11) + 12 + 48$ (m. de 11) $+ 48$, etc., $= m\,11 + 12 + 48 + 34 + 71$. Donc...

32° *Preuve par 9 de l'addition.*

Soit l'addition ci-dessous dont il s'agit de vérifier l'exactitude.

$$\begin{aligned} 345 &= m\,9 + 3 \\ 786 &= m'9 + 3 \\ 427 &= m''9 + 4 \\ \hline 1\,558 &= m\,9 + m'\,9 + m''\,9 + 3 + 3 + 4 \end{aligned}$$

On cherche d'abord le reste de la division de 345, puis de 786, puis de 427, puis de 1 558 par 9. La somme des restes des trois parties de la somme, divisée par 9, doit donner le même reste que la division de la somme par 9.

En effet,

$$1\,558 = 345 + 786 + 427 = m\,9 + m'\,9 + m''\,9 + (3 + 3 + 4).$$

Les trois premières parties de ce dernier nombre sont multiples de 9; donc, si la quatrième est un multiple de 9, le nombre 1 558 (n° 135) est aussi un multiple de 9; dans le cas contraire, le reste de la division de 1 558 par 9 est égal au reste de la division de $(3 + 3 + 4)$ par 9. Donc, etc.

Dans la pratique, on procède d'une manière plus expéditive: on additionne tous les chiffres de toutes les parties de la somme indistinctement, on retranche 9 chaque fois que cela est possible, le dernier reste doit être égal au reste obtenu en procédant de la même façon sur le total.

Ainsi l'on dit, 3 et 4 font 7, et 5 font 12; $12 - 9 = 3$; 3 et 7 font 10, 10 et 8 font 18; $18 : 9 = 2$ et 0 pour reste; 6 et 4 font 10 $10 - 9 = 1$; 1 et 2 font 3 et 7 font 10; $10 - 9 = 1$.

Passant au total, 1 et 5 font 6, et 5 font 11; $11 - 9 = 2$; 2 et 8 font 10; $10 - 9 = 1$. Les deux restes sont égaux; donc on peut présumer que l'opération est bonne.

Preuve par 9 de la soustraction.

On procède comme pour l'addition; le grand nombre est considéré comme une somme, le petit nombre et la différence sont les deux parties de la somme.

33° *Quelle est la limite du nombre des divisions à faire pour la recherche du p. g. c. d.*

Il peut arriver que dans le cours des opérations nécessitées par la recherche du p. g. c. d., un des restes soit plus fort que la moitié du diviseur correspondant. Ex. :

329	4	1	2	3
49	70	49	21	7
	21	7	0	

$49 > \frac{70}{2}$; or (157) le p. g. c. d. de 329 et 70 divise 49. Divisant 70 et 49, il divise leur différence 21 (138) ; donc, au lieu de prendre 49 comme deuxième diviseur, on peut prendre 21.

329	4	3	3
49	70	21	7
	7	0	

Pour la solution de la question, voir *Arithmétique*, n° 160.
Remarque.

34° *Dans la recherche du plus grand commun diviseur, peut-on, arrivé à un certain point, reconnaître que les nombres donnés sont premiers entre eux?*

Quand on a trouvé un nombre premier pour reste, il n'y a plus qu'à essayer s'il est le p. g. c. d.; dans le cas de la négative, les deux nombres proposés sont premiers entre eux.

En effet (n° 157), tout nombre qui divise deux nombres divise le reste de leur division et (n° 160) leur p. g. c. d.

35° *Quelle est la suite des nombres inférieurs à un produit* P *et non premiers avec* P, *sachant que les deux facteurs sont premiers absolus? Combien y a-t-il de nombres premiers avec* P *et plus petits que* P?

Les facteurs a et b, étant premiers absolus, sont des nombres non premiers avec P et inférieurs à P; donc il y a au moins trois nombres inférieurs à P, et non premiers avec P : 1, a, b.

Le nombre minimum des nombres inférieurs à P et non premiers avec P a pour formule $(P-1)-3 = P-4$ (voir ci-dessus). Pour en avoir la suite complète, il faudrait trouver tous les nombres inférieurs à P, divisibles par a ou par b.

36° *Deux nombres entiers consécutifs sont-ils premiers entre eux?*

Toujours. En effet, un nombre qui divise a ne peut diviser $a+1$, car il devrait diviser 1. (164)

37° *Deux nombres A et B sont premiers entre eux; leur somme et la somme* $A^2 + AB + B^2$ *sont-elles aussi des nombres premiers entre eux?*

$A^2 + AB + B^2 = A(A + B) + B^2$. Or $A + B$ divise la première partie de cette somme; pour diviser la somme, il doit diviser l'autre partie; mais, pour que le produit B^2 fût divisible par $A + B$, il faudrait que l'un des facteurs B de ce produit fût divisible par $A + B$; et puisque A et B sont premiers entre eux, $A + B$ ne saurait diviser B; donc, etc.

38° *Deux nombres sont premiers entre eux; leur somme et la somme de leurs carrés sont-elles aussi des nombres premiers entre eux?*

La somme est $A + B$, la somme des carrés est $A^2 + B^2$. Or $A^2 + B^2 = A^2 + B^2 + 2\ AB - 2\ AB = (A + B)^2 - 2\ AB$. $A + B$ divise la première partie de cette différence; il ne divise pas la seconde, car 2 AB est un produit dont les facteurs sont 2, A, B. Mais $A + B$ ne divise ni l'un ni l'autre de ces facteurs (169). Donc la somme $A + B$ et la somme des carrés sont des nombres premiers entre eux.

39° *Deux nombres sont premiers absolus; leur somme et leur différence ont-elles un diviseur commun autre que l'unité?*

Le p. g. c. d. de la somme et de la différence est 2.

En effet, les nombres sont de la forme $2\ m + 1$ et $2\ n + 1$; leur somme est $2\ (m + n + 1)$; leur différence est $2\ (m - n)$. Ces deux produits ont un seul facteur commun, 2. Donc, etc.

40° *Le carré d'un nombre premier autre que 2 et 3 est un multiple de 24 augmenté d'une unité.*

En effet, tout nombre premier est voisin d'un multiple de 6 (voir n° 26 ci-dessus); donc tout nombre premier est de la forme $m\ 6 \pm 1$; élevant au carré, il vient : $m^2\ 6^2 \pm 2\ m\ 6 + 1 = 36\ m^2 \pm 12\ m + 1 = 12\ m\ (3m \pm 1) + 1$.

Or, si m est pair, $12m$ est évidemment un multiple de 24. Si m est impair, $3m \pm 1$ est pair, et, par conséquent, $12m\ (3m \pm 1)$ est dans tous les cas multiple de 24. Donc, etc.

41° *On a quatre nombres* a, b, c, d, *tels que* a *et* b *sont premiers entre eux, ainsi que* c *et* d. *Examiner si* a × d + b × c *est multiple de* b × d, *et si ces deux valeurs sont des nombres premiers entre eux.*

Solution. Mettons le total proposé sous forme de fraction sur le produit $b \times d$; il vient :

$$\frac{a \times d + b \times c}{b \times d} = \frac{a \times d}{b \times d} + \frac{b \times c}{b \times d} = \frac{a}{b} + \frac{c}{d}.$$

Or les deux fractions $\frac{a}{b}$ et $\frac{c}{d}$ sont irréductibles; donc, leur somme ne saurait être un nombre entier. En effet, en additionnant ces deux fractions, on obtient $\frac{ad + bc}{bd}$. Pour que cette fraction fût réductible, il faudrait que le premier terme du numérateur égalât $mb \times d$, et le second, $m'd \times b$; en d'autres termes, que $a = mb$, et $c = m'd$. Alors bd diviserait chacun des deux termes; donc, il diviserait leur somme; mais, par hypothèse, a est premier avec b; donc, il n'égale pas mb; donc, la somme $a \times d + b \times c$ et $b \times d$ sont des nombres premiers entre eux.

CHAPITRE IV

FRACTIONS

1° *Soit une fraction équivalente à* $\frac{1}{2}$, *dont le numérateur soit pair : quel nombre égal faut-il retrancher des deux termes pour la rendre égale à* $\frac{1}{3}$?

La fraction étant équivalente à $\frac{1}{2}$ et le numérateur étant pair, la fraction est de la forme $\frac{2n}{4n}$; retranchant n aux deux termes, il vient : $\frac{2n-n}{4n-n}=\frac{n}{3n}=\frac{1}{3}$.

Il suffit donc de retrancher des deux termes la moitié du numérateur.

2° *Une fraction est devenue* 10 *fois plus petite; or on a multiplié le numérateur par* 2 : *par combien a-t-on divisé le dénominateur?*

Soit $\frac{a}{b}$ la fraction; la fraction 10 fois plus petite est $\frac{a}{10b}$; mais on avait d'abord multiplié le numérateur par 2, la fraction était donc devenue $\frac{2a}{b}$; $\frac{2a}{b}:\frac{a}{10b}=\frac{2a\times 10b}{ba}=20$; la fraction a donc été divisée par 20. Pour diviser une fraction par 20 en opérant sur le dénominateur, il faut multiplier celui-ci par 20 ou le diviser par $\frac{1}{20}$. Donc le dénominateur a été divisé par $\frac{1}{20}$.

3° *Par quel nombre faut-il multiplier une fraction quelconque pour la rendre égale à l'unité?*

Soit $\frac{a}{b}$ une fraction quelconque. Multipliant $\frac{a}{b}$ par cette fraction renversée, $\frac{b}{a}$, il vient : $\frac{a}{b}\times\frac{b}{a}=\frac{ab}{ba}=1$.

Il suffit donc de renverser la fraction proposée et de multiplier la fraction donnée par cette nouvelle fraction.

4° *Soit une fraction équivalente à* $\frac{1}{9}$ *: que faut-il ajouter aux deux termes pour la rendre égale à* $\frac{1}{5}$ *?*

La fraction est de la forme $\frac{n}{9n}$, pour la rendre égale à $\frac{1}{5}$ il faut lui donner la forme $\frac{2n}{10n}$. Or $\frac{2n}{10n} = \frac{n+n}{9n+n}$. Aux deux termes de la fraction donnée, on ajoute donc le numérateur, ce qui satisfait à l'énoncé.

5° *Par quels nombres est multipliée successivement la fraction dans les transformations précédentes* (4°) *et par combien est-elle multipliée définitivement ?*

Dans la question précédente, en écrivant $2n$ au lieu de n, on multiplie le numérateur, et, par conséquent, la fraction par 2. En écrivant comme dénominateur $10n$ au lieu de $9n$, on multiplie le dénominateur par $\frac{10}{9}$, conséquemment, la fraction par $\frac{9}{10}$. Étant multipliée d'une part par 2, de l'autre par $\frac{9}{10}$, la fraction est multipliée par $2 \times \frac{9}{10} = \frac{18}{10} = \frac{9}{5}$.

6° *Un dessin étant reproduit au* $\frac{1}{100}$ *de sa grandeur naturelle, quelle relation existe-t-il entre la longueur de la copie et celle de l'original ?*

Un rectangle dont les côtés sont n fois plus petits que ceux d'un autre rectangle a une surface $n \times n$ fois ou n^2 fois plus petite. Dans le problème proposé, la copie étant $\frac{1}{100}$ de l'original, les côtés sont au $\frac{1}{10}$ de leur vraie grandeur.

7° *On veut multiplier par 20 la fraction* $\frac{1}{8}$ *; on ajoute d'abord 4 au numérateur; quelle opération doit-on effectuer sur le dénominateur ?*

En ajoutant 4 au numérateur de $\frac{1}{8}$ on multiplie la fraction par 5, il reste à multiplier par $\frac{20}{5} = 4$. On multiplie une fraction par 4 en divisant le dénominateur par 4; ce qui donne $\frac{5}{8:4}=\frac{5}{2}$.

Il suffit donc de diviser le dénominateur par 4.

8° *Soient deux fractions dont l'une est double de l'autre; si on les additionne terme à terme, que sera la fraction résultante par rapport à la première?*

Soient $\frac{a}{b}$, $\frac{2a}{b}$, ces deux fractions; en les ajoutant terme à terme, on obtient : $\frac{a+2a}{b+b}=\frac{3a}{2b}=\frac{a}{b}\times\frac{3}{2}$.

La fraction est donc multipliée par $\frac{3}{2}$.

9° *Que devient une fraction lorsqu'on ajoute à lui-même chacun des termes de cette fraction?*

Elle ne change pas de valeur, car on a multiplié par 2 chaque terme de la fraction. (197)

10° *Quel changement éprouve une fraction lorsqu'on supprime son dénominateur? lorsqu'on supprime le numérateur? lorsqu'on remplace le dénominateur par 1, par 0? lorsqu'on remplace le numérateur par 1, par 0?*

1° Lorsqu'on supprime le dénominateur d'une fraction, elle est multipliée par ce dénominateur; 2° lorsqu'on supprime son numérateur, elle n'a plus aucune signification; 3° lorsqu'on remplace le dénominateur par 1, elle est multipliée par le dénominateur; lorsqu'on remplace le dénominateur par 0, elle devient égale à l'infini; 4° lorsqu'on remplace le numérateur par 1, elle est divisée par le numérateur; lorsqu'on remplace le numérateur par 0, elle est égale à 0. (196)

11° *Réduire* $\frac{12}{15}$ *en* 25ièmes, *en* 24ièmes.

1° Pour réduire $\frac{12}{15}$ en 25ièmes il faut multiplier les deux termes de la fraction $\frac{12}{15}$ par $\frac{25}{15}$; ce qui donne $\frac{12\times\frac{25}{15}}{15\times\frac{25}{15}}=\frac{20}{25}$.

2° Pour la réduire en 24ièmes il faut multiplier les deux termes par $\frac{24}{15}$; et l'on obtient $\frac{12\times\frac{24}{15}}{15\times\frac{24}{15}}=\frac{19+\frac{1}{5}}{24}$.

12° *Deux fractions irréductibles peuvent-elles avoir pour somme un nombre entier?*

Soient les deux fractions irréductibles $\frac{a}{b}$, $\frac{c}{d}$.

En additionnant ces deux fractions, on obtient : $\frac{ad+bc}{bd}$.
Pour que cette fraction fût réductible, il faudrait que le premier terme du numérateur égalât $mb \times d$, et le second, $m'd \times b$; en d'autres termes, que $a = mb$ et $c = m'd$. Alors bd diviserait chacun des deux termes, donc il diviserait leur somme; mais, par hypothèse, a est premier avec b; donc il n'égale pas mb, etc.

Si $b = d$, la somme des deux fractions est $\frac{ab+bc}{b^2} = \frac{b(a+c)}{b+b} = \frac{a+c}{b}$; si $a + c = mb$, la fraction est réductible.

Donc *la somme de deux fractions irréductibles n'est réductible qu'autant que les dénominateurs sont égaux.*

Il en serait de même de la *différence de deux fractions irréductibles.*

13° *Trois fractions irréductibles peuvent-elles avoir pour somme un nombre entier?*

Additionnant les trois fractions $\frac{a}{b}$, $\frac{c}{d}$, $\frac{e}{f}$, il vient : $\frac{adf+cbf+ebd}{bdf}$
Pour que bdf divise le numérateur, il faut qu'il en divise les parties, ce qui est impossible (voir n° 12) à moins que l'on n'ait : $df = mb$; $bf = m'd$ et $bd = m''f$.

Donc, *pour que la somme de trois fractions irréductibles ne soit pas irréductible,* il faut que chaque dénominateur divise le produit des deux autres.

14° *Trouver la génératrice de la fraction* 0,0032575757...
— — — *de l'expression* 32,00575757...

1° Soit N la fraction ordinaire génératrice de la fraction périodique.

$$N = 0,0032575757$$
$$1000000\ N = 3257,5757$$
$$10000\ N = 32,575757$$

Retranchant ces égalités membre à membre

$$990000\ N = (3257 - 32) - \frac{57}{1000000}$$

or le dernier terme de cette égalité pouvant devenir aussi petit qu'on voudra (270), on a finalement

$$N = \frac{3257 - 32}{990000}$$

2° Soit N l'expression fractionnaire génératrice de l'expression périodique. On a $N = 32{,}00575757\ldots$

d'où $10000\,N = 320057{,}5757\ldots$

et $100\,N = 3200{,}575757\ldots$

d'où $10000\,N - 100\,N = 320057{,}5757\ldots - 3200{,}575757\ldots$

et $9900\,N = 320057 - 3200 - \frac{57}{1000000}$

Donc $N = \frac{320057 - 3200}{9900}$, puisque $\frac{57}{1000000}$ peut devenir aussi petit qu'on voudra. (270)

15° *Démontrez que* $\frac{40}{7} - \frac{7}{40}$ *ni* $\frac{40}{7} + \frac{7}{40}$ *ne peuvent être des nombres entiers.*

Les deux nombres 40 et 7 sont premiers entre eux. Réduisant $\frac{40}{7} \pm \frac{7}{40}$ au même dénominateur, il vient :

$$\frac{40 \times 40 \pm 7 \times 7}{7 \times 40}$$

Le dénominateur, qui ne divise aucune des parties de la somme ou de la différence dont est formé le numérateur, ne divise ni cette somme ni cette différence. (137)

16° *Par quel nombre faut-il multiplier* 143 *pour l'augmenter des* $\frac{3}{13}$ *de sa valeur ?*

Lorsque le nombre 143 aura été augmenté de ses $\frac{3}{13}$, il renfermera $\frac{16}{13}$ de sa valeur ; donc il faut le multiplier par $\frac{16}{13}$; on obtiendra $\frac{143 \times 16}{13} = 176$.

17° *Y a-t-il une différence entre les* $\frac{5}{6}$ *de* $\frac{8}{11}$ *et les* $\frac{8}{11}$ *de* $\frac{5}{6}$?

Aucune, car pour avoir la valeur de l'une ou l'autre expression on multiplie les 2 fractions terme à terme ; or le produit ne change pas, quel que soit l'ordre dans lequel on place les facteurs.

18° *Multiplier* $\dfrac{\frac{2}{3}}{\frac{4}{5}}$ *par* $\dfrac{\frac{7}{8}}{\frac{9}{10}}$

$$\frac{\frac{2}{3} \times \frac{7}{8}}{\frac{4}{5} \times \frac{9}{10}} = \frac{\frac{14}{24}}{\frac{36}{50}} = \frac{\frac{7}{12}}{\frac{18}{25}} = \frac{\frac{7}{12} \times 25}{18} = \frac{7 \times 25}{12 \times 18}$$

19° *Ramener à une forme plus simple la fraction* $\dfrac{4}{\frac{3}{5}}$

$\dfrac{4}{\frac{3}{5}}$ est le quotient de 4 par $\frac{3}{5}$; or, pour diviser 4 par $\frac{3}{5}$, on multiplie 4 par $\frac{5}{3}$; donc $\dfrac{4}{\frac{3}{5}} = \dfrac{4 \times 5}{3}$.

20° *Quelle est la limite de la fraction périodique* 0,173173173?

$$\frac{173}{999}. \quad (267)$$

21° *Une fraction périodique ne saurait jamais être une suite de* 9.

Car si l'on avait une fraction de cette forme, 0,9999..., elle aurait pour valeur $\frac{9}{9} = 1$.

22° *Comment fait-on la preuve de l'addition des fractions?*

Pour faire la preuve de l'addition des fractions, on retranche de 1 chacune des fractions proposées, et l'on fait la somme des différences obtenues; cette somme, ajoutée à celle des fractions, doit égaler autant d'unités qu'il y a de fractions.

Soient les fractions $\frac{3}{15}$, $\frac{6}{15}$, $\frac{9}{15}$, dont la somme $= \frac{18}{15}$.

$$\begin{array}{rcr|l} 1 - \frac{3}{15} & = & 12 & \\ 1 - \frac{6}{15} & = & 9 & \\ 1 - \frac{9}{15} & = & 6 & \underline{15} \\ \hline 3 - \frac{18}{15} & = & \frac{27}{15} & \end{array}$$

d'où $3 = \frac{27}{15} + \frac{18}{15} = \frac{45}{15} = 3.$

23° *Multiplier* 375 *par* $\frac{15}{16}$. (Méthode des parties aliquotes.)

$\frac{15}{16}=\frac{8+4+2+1}{16}$; donc $375\times\frac{15}{16}=\left(375\times\frac{8}{16}\right)+\left(375\times\frac{4}{16}\right)+\left(375\times\frac{2}{16}\right)+\left(375\times\frac{1}{16}\right)$.

$$
\begin{array}{l}
375\times\frac{8}{16}= 375\times\frac{1}{2} = 187+\frac{1}{2}=187+\frac{8}{16}\\
375\times\frac{4}{16}=\left(187+\frac{1}{2}\right)\times\frac{1}{2}= 93+\frac{3}{4}= 93+\frac{12}{16}\\
375\times\frac{2}{16}=\left(93+\frac{3}{4}\right)\times\frac{1}{2}= 46+\frac{7}{8}= 46+\frac{14}{16}\\
375\times\frac{1}{16}=\left(46+\frac{7}{8}\right)\times\frac{1}{2}= 23+\frac{7}{16}= 23+\frac{7}{16}\\
\hline
375\times\frac{15}{16}=\ldots\ldots\ldots 349+\frac{41}{16} =
\end{array}
$$

$349+\frac{41}{16}=349+2+\frac{9}{16}=351+\frac{9}{16}$.

24° *Multiplier* $\left(375+\frac{3}{4}\right)$ *par* $\frac{7}{8}$.

$\frac{7}{8}=\frac{4+2+1}{8}$; donc $\left(375+\frac{3}{4}\right)\times\frac{7}{8}=\left[\left(375+\frac{3}{4}\right)\times\frac{4}{8}\right]+\left[\left(375+\frac{3}{4}\right)\times\frac{2}{8}\right]+\left[\left(375+\frac{3}{4}\right)\times\frac{1}{8}\right]=\left(375\times\frac{4}{8}\right)+\left(375\times\frac{2}{8}\right)+\left(375\times\frac{1}{8}\right)+\frac{3}{4}\times\frac{7}{8}$.

$$
\begin{array}{l}
375\times\frac{4}{8} =187+\frac{1}{2}=187+\frac{16}{32}\\
375\times\frac{2}{8} = 93+\frac{3}{4}= 93+\frac{24}{32}\\
375\times\frac{1}{8} = 46+\frac{7}{8}= 46+\frac{28}{32}\\
\frac{3}{4}\times\frac{7}{8} = \frac{21}{32}= \frac{21}{32}\\
\hline
\left[\left(375+\frac{3}{4}\right)\times\frac{7}{8}\right]=\ldots\ldots 326+\frac{89}{32}=326+2+\frac{25}{32}=
\end{array}
$$

R. $328+\frac{25}{32}$.

25° *Multiplier* 4528 $\frac{15}{16}$ *par* 35 $\frac{31}{36}$. 23°)

$$\frac{31}{36}=\frac{12+12+6+1}{36}\text{ ; et }\frac{15}{16}=\frac{8+4+2+1}{16}$$

$$\left(4528+\frac{15}{16}\right)\times\left(35+\frac{31}{36}\right)=\left(4528\times 35\right)+\left(\frac{15}{16}\times 35\right)+\left(4528\times\frac{31}{36}\right)+\left(\frac{15}{16}\times\frac{31}{36}\right)=\left(4528\times 35\right)+\left(35\times\frac{8}{16}\right)+\left(35\times\frac{4}{16}\right)+\left(35\times\frac{2}{16}\right)+\left(35\times\frac{1}{16}\right)+\left(4528\times\frac{12}{36}\right)+\left(4528\times\frac{12}{36}\right)+\left(4528\times\frac{6}{36}\right)+\left(4528\times\frac{1}{36}\right)+\left(\frac{15}{16}\times\frac{31}{36}\right).$$

$$4528\times 35= \qquad 158480 = 158480$$

$$35\times\frac{8}{16}= 35\times\frac{1}{2} = 17+\frac{1}{2}= 17+\frac{288}{576}$$

$$35\times\frac{4}{16}=\left(17+\frac{1}{2}\right)\times\frac{1}{2}= 8+\frac{3}{4}= 8+\frac{432}{576}$$

$$35\times\frac{2}{16}=\left(8+\frac{3}{4}\right)\times\frac{1}{2}= 4+\frac{3}{8}= 4+\frac{216}{576}$$

$$35\times\frac{1}{16}=\left(4+\frac{3}{8}\right)\times\frac{1}{2}= 2+\frac{3}{16}= 2+\frac{108}{576}$$

$$4528\times\frac{12}{36}= 4528\times\frac{1}{3} = 1509+\frac{1}{3}= 1509+\frac{192}{576}$$

$$4528\times\frac{12}{36}= 4528\times\frac{1}{3} = 1509+\frac{1}{8}= 1509+\frac{192}{576}$$

$$4528\times\frac{6}{36}=\left(1509+\frac{1}{3}\right)\times\frac{1}{2}= 754+\frac{2}{3}= 754+\frac{384}{576}$$

$$4528\times\frac{1}{36}=\left(754+\frac{2}{3}\right)\times\frac{1}{6}= 125+\frac{7}{9}= 125+\frac{448}{576}$$

$$\frac{15}{16}\times\frac{31}{36}=\frac{465}{576}= \qquad \frac{155}{192}= \qquad \frac{465}{576}$$

$$\left(4528+\frac{15}{16}\right)\times\left(35+\frac{31}{36}\right)=\ldots\ldots\ldots\ 162408+\frac{2725}{576}=$$

$$162408+4+\frac{421}{576}=\text{R. }262412+\frac{421}{576}.$$

CHAPITRE V

RACINES

1° *Par quels chiffres peut être terminé un carré?*

Par 00, 1, 4, 5, 6, 9; jamais par 2, 3, 7, 8, car les carrés des nombres se terminent comme les carrés de leurs plus faibles unités; or les carrés des 10 premiers nombres se terminent respectivement par 00, 1, 4, 5, 6, 9.

2° *Le dernier chiffre d'un carré est* 5; *quel est l'avant-dernier?*

Rép. 2. En effet, le chiffre des unités de la racine est nécessairement 5; on doit ajouter $5 \times 5 = 2^d + 5^u$ au double produit des dizaines par les unités; mais le double produit $= 2d \times 5 = 10d$; ce qui donne un nombre exact de centaines. Donc...

3° *Un carré est terminé par* 0; *quel est l'avant-dernier chiffre?*

Rép. 0. Le nombre de zéros qui termine un carré doit être pair. $10 \times 10 = 100$; $50 \times 50 = 2500$.

4° *Un nombre impair est un carré; démontrer qu'il égale* $4\,m + 1$.

La racine est nécessairement impaire.

Soit N la racine $= 2n + 1$; $N^2 = 4n^2 + 4n + 1$;

d'où $N^2 = 4\,(n^2 + n) + 1 =$ multiple de $4 + 1 = 4\,m + 1$.

C. Q. F. D.

5° *Décomposer* 734400 *en facteurs premiers, et dire si c'est un carré.*

Ce n'est pas un carré; car $734400 = 2^6 \times 3^3 \times 5^2 \times 17$; or tous les exposants ne sont pas pairs. (280)

6° *Quel degré d'approximation a-t-on, lorsque le reste obtenu dans l'extraction de la racine carrée est le double de la racine obtenue?*

On a la racine à 1 unité près. (292)

7° *Le reste égale la racine; quelle approximation a-t-on?*

On a la racine à $\frac{1}{2}$ unité près. (293)

8° *Comment extrait-on la racine* 6ᵉ *d'un nombre?*

On extrait la racine carrée, puis la racine cubique de cette racine carrée. En effet, $\sqrt[3\times2]{a} = \sqrt[3]{\sqrt[2]{a}}$, car en élevant l'une et l'autre expression au cube on obtient l'identité $\sqrt{a} = \sqrt{a}$.

Généralement $\sqrt[mp]{a} = \sqrt[m]{\sqrt[p]{a}}$. Ainsi $\sqrt[8]{a} = \sqrt[2]{\sqrt[2]{\sqrt[2]{a}}}$; $\sqrt[12]{a} = \sqrt[3]{\sqrt[2]{\sqrt[2]{a}}}$; [illegible] $= \sqrt{\sqrt{\sqrt{\sqrt{a}}}}$.

Quand l'indice de la racine ne renferme que les facteurs 2 et 3, on peut toujours extraire la racine. (82)

9° *Extraire la racine carrée des nombres suivants :* 2, 3, 5, 6, 10, *et faire voir que les parties décimales ne sauraient être périodiques.*

Les racines des nombres donnés sont respectivement :

1,41423 ; 1,73205 ; 2,23606 ; 2,44948 ; 3,16227.

Si les fractions décimales étaient périodiques, elles pourraient être remplacées par des fractions ordinaires et deviendraient commensurables, ce qui est impossible; car si l'on a $\frac{a}{b}$ une fraction irréductible qui soit la racine d'une autre fraction, celle-ci sera $\frac{a}{b} \times \frac{a}{b} = \frac{a^2}{b^2}$; mais a et b étant premiers entre eux, il en est de même de a^2 et b^2. Donc $\frac{a^2}{b^2}$ ne peut être un nombre entier ; donc cette expression $\frac{a^2}{b^2}$ ne saurait égaler aucun des nombres proposés, 2, 3, 5, 6, 10, etc.

10° *Trouver la racine carrée des nombres suivants :* 8, 12, 18, 20, 24, 32, 40, 45, 48, 50, 54, *au moyen de multiplications.*

$\sqrt{8} = \sqrt{4} \times \sqrt{2} = 2\sqrt{2}$; $\sqrt{12} = \sqrt{4} \times \sqrt{3} = 2\sqrt{3}$; $\sqrt{18} = 3\sqrt{2}$; $\sqrt{20} = 2\sqrt{5}$; $\sqrt{24} = 2\sqrt{6}$; $\sqrt{32} = 4\sqrt{2}$; $\sqrt{40} = 2\sqrt{10}$.

11° *Combien compte-t-on de nombres entiers jusqu'à un million qui ne soient pas des carrés parfaits?*

On en compte 1000000 — 1000. Car tous les nombres de 1 à 1000 ont leurs carrés dans la série de 1 à 1000000.

12° *Démontrer que* 782, 943, 1875, 124947, 24518, 17540, *ne sauraient être des carrés parfaits.*

Le carré des nombres peut se terminer par 00, 1, 4, 9, 6 ou 25 ; or les nombres proposés ne sont pas terminés de cette façon, donc, etc.

13° *Démontrer qu'un nombre pair qui n'est pas divisible par 4 ne saurait être la différence de deux carrés parfaits.*

On remarquera d'abord que la différence des carrés de deux nombres, l'un pair, l'autre impair, est toujours un nombre impair. Cela posé :

La différence des carrés de deux nombres pairs et celle des carrés de deux nombres impairs sont des multiples de 4. En effet :

Soient N un nombre pair et N′ un autre nombre pair.

1° $N = d + u$; et soit $u = 2l$;

on a $N^2 = d^2 + 4ld + 4l^2 =$ un multiple de 4 ;

de même $N'^2 = d'^2 + 4l'd' + 4l'^2 =$ un multiple de 4 ;

donc $N^2 - N'^2 =$ un multiple de 4.

2° $N = d + u$; $u = 2l + 1$; $N' = d' + u'$; $u' = 2l' + 1$

$N^2 = d^2 + 2ud + u^2 = d^2 + 4ld + 2d + 4l^2 + 4l + 1 = m4 + 1$

$N'^2 = d'^2 + 2u'd' + u'^2 = d'^2 + 4l'd' + 2d' + 4l'^2 + 4l' + 1 = m'4 + 1$

d'où $N^2 - N'^2 + (m - m')4$.

14° *La somme des carrés de deux nombres est 29. Trouver deux nombres dont la somme des carrés soit 58.*

$a^2 + b^2 = 29$; mais $(a + b)^2 + (a - b)^2 = (a^2 + 2ab + b^2) + (a^2 - 2ab + b^2) = 2a^2 + 2b^2$; or, $a^2 + b^2 = 29$; donc $2a^2 + 2b^2$ ou $(a+b)^2 + (a - b)^2 = 58$; donc $a + b$ est le premier nombre, $a - b$ le second ; or $5^2 + 2^2 = 29$, donc $(5 + 2)^2 + (5 - 2)^2 = 58$.

15° *Trouver deux nombres consécutifs dont la différence des carrés soit 729457.*

D'après le n° 277, la différence des carrés de deux nombres consécutifs égale le double du petit nombre, plus un. Appelant n le petit nombre, il vient :

$$2n + 1 = 729457$$
$$2n = 729457 - 1$$
$$n = \frac{729457 - 1}{2} = 364728$$
$$n + 1 = 364729$$

16° *La somme de deux nombres est 20 ; la différence de leurs carrés est 280. Trouver ces deux nombres.*

Soient m, n, les deux nombres.

Leur somme est $m + n$, leur différence $m - n$, la différence de leurs carrés $m^2 - n^2$.

Or, la différence des carrés de deux nombres égale le produit de la somme de ces nombres par leur différence.

$$m^2 - n^2 = (m + n)(m - n)$$

Remplaçant dans cette égalité $m^2 - n^2$ et $m + n$ par leur valeur, on a :

$$280 = 20\,(m - n)$$
$$m - n = \frac{280}{20} = 14$$
$$m = \frac{20 + 14}{2} = 17, \quad n = \frac{20 - 14}{2} = 3$$

17° *Démontrer que chacun des nombres 1, 3, 5, 7, 9, 11..., est la différence de deux carrés entiers.*

Soit a un nombre quelconque, $a + 1$ le nombre, immédiatement supérieur ; la différence des carrés de ces nombres est (277)

$$2a + 1$$

Ajoutant une unité à chacun de ces nombres, on trouve $a + 2$, $a + 1$.

Faisant la différence des carrés de ces nombres, il vient :

$$(a + 2)^2 - (a + 1)^2 = a^2 + 4a + 4 - (a^2 + 2a + 1) = 2a + 3$$

$$2a + 3 = (2a + 1) + 2$$

Donc, étant donnée la différence des carrés de deux nombres entiers consécutifs, pour connaître la différence des carrés des deux nombres entiers consécutifs immédiatement supérieurs, il suffit d'ajouter 2 à la différence donnée.

$$1^2 - 0^2 = 1$$
$$2^2 - 1^2 = 1 + 2 = 3$$
$$3^2 - 2^2 = 3 + 2 = 5$$
$$\ldots\ldots\ldots\ldots$$

18° *La différence de deux nombres est* 106,70; *celle de leurs carrés est* 41079,5 ; *déterminer chacun de ces nombres.*

Soient a et b ces nombres, d leur différence, n celle de leurs carrés, s leur somme.

$$a - b = d;\ a^2 - b^2 = n;$$
$$a^2 - b^2 = (a - b)(a + b) = n.$$

Remplaçant $a - b$ par d et $a + b$ par s, il vient : $d \times s = n$; d'où $s = \frac{n}{d}$; donc $s = \frac{41079{,}50}{106{,}70} = 385$.

L'un des nombres est $\frac{385 - 106{,}70}{2} = 139{,}15$, et l'autre $\frac{385 + 106{,}70}{2} = 245{,}85$.

19° *Combien y a-t-il de nombres entiers entre* 79479^2 *et* 79480^2 *qui ne soient pas des carrés parfaits ?*

Il y en a $79479 \times 2 = 158958$.

Il n'y en a pas plus, car (277) le nombre suivant serait le carré de 79480 ; il n'y en a pas moins, puisque les deux nombres entiers donnés sont consécutifs.

20° *Si un nombre impair est un carré, diminué de* 1, *il est un multiple de* 4.

Soit N ce nombre : $N = 2n + 1$, d'où $N^2 = 4n^2 + 4n + 1$; d'où $N^2 = m4 + 1$.

CHAPITRE VI

SYSTÈME MÉTRIQUE

1° *La valeur des mesures effectives de contenance du double-hectolitre au litre inclusivement étant exprimée en litres, quelle est la somme de toutes ces mesures?*

Le total égale $200 + 100 + 50 + 20 + 10 + 5 + 2 + 1 = 388$ litres.

2° *Si on retranchait d'un double-hectolitre toutes les mesures effectives inférieures jusqu'au litre compris, quel serait le reste?*

Le reste serait : $200 - (100 + 50 + 20 + 10 + 5 + 2 + 1) = 12$ litres.

3° *Les bûches placées dans un demi-décastère ont 2 mètres de long, à quelle hauteur doivent-elles monter ?*

Le demi-décastère contient 5 mètres cubes ; la distance entre les montants égale 3 mèt. ; on a donc :

$$x^{m} \times 3^{m} \times 2^{m} = 5 \text{ mètres cubes; d'où } x = \frac{5}{6}^{m^3} = 0^{m^3}833$$

4° *Quelle serait la valeur intrinsèque d'une fausse pièce de 5 francs au titre de* 0,800?

Dans l'estimation des monnaies d'argent, la valeur du cuivre étant négligée, les $\frac{9}{10}$ du poids d'une pièce réprésentent une valeur de cinq francs ; un dixième de ce poids vaut $\frac{5}{9}$ de franc.

La pièce ci-dessus mentionnée ayant $\frac{8}{10}$ de fin, sa valeur intrinsèque est $\frac{5}{9}$ de franc $\times 8 = 4$ fr. 44.

5° *En admettant qu'un corps solide pût être pesé dans l'eau avec une balance à fléau et des poids ordinaires, aurait-on le vrai poids du corps? Dans quel cas l'obtiendrait-on?*

Tout corps plongé dans l'eau perd de son poids une quantité égale au poids de l'eau qu'il déplace.

Le corps pesé ayant un volume plus ou moins considérable que le volume des poids, perdrait plus ou moins que ceux-ci, suivant le cas. On n'aurait donc pas le vrai poids de ce corps.

On n'obtiendrait ce vrai poids qu'en supposant le corps de même volume que les poids employés.

6° *Si le mètre était quintuplé, combien notre mètre cube actuel vaudrait-il de décimètres cubes ainsi transformés?*

Le mètre cube, comme chacun de ses sous-multiples, deviendrait $5 \times 5 \times 5$ ou 125 fois plus grand; le mètre cube actuel vaudrait $\frac{1000}{125} = 8$ de ces décimètres cubes.

7° *Si l'on ne possédait qu'un seul échantillon des mesures de poids autorisées par la loi, quels poids ne pourraient pas être évalués directement, de 1 à 30 kilog.?*

Les poids de :

4, 9, 14, 19, 24, 29 kilog.

8° *A quoi le mètre devrait-il être réduit pour que la tonne métrique relative à cette unité ainsi transformée fût équivalente au kilog. actuel?*

La tonne métrique devenant égale au kilogr., le mètre cube serait 1 000 fois plus petit; donc le mètre serait 10 fois moindre.

$$\frac{1}{10} \times \frac{1}{10} \times \frac{1}{10} = \frac{1}{1000}.$$

9° *Quelle somme obtient-on quand on ajoute au mètre carré ses multiples et ses sous-multiples?*

101 010 101 mèt. carrés, 010 101.

10° *Une longueur mesurée avec un décamètre trop long de $0^m\,07$, a été trouvée égale à $2749^m\,72$; rectifier ce résultat.*

Pour chaque décamètre trouvé, il y a une erreur de 0^m07, en moins, la vraie longueur est donc :

$$2749,72 \times \frac{(10 + 0,07)}{10} = 2768,968.$$

11° *Une surface a été trouvée 4 hectares, 18 ares, 64 cent.; mais la chaîne dont on s'était servi avait* $0^{m}07$ *de trop. Rectifier le résultat.*

Cette question ne peut être résolue que si cette surface est un carré; dans ce cas, on extrait la racine carrée de 41864 *mq.* ce qui donne $204^{m}60$.

La vraie longueur du terrain est, en tenant compte de l'erreur mentionnée, $204{,}60 \times \frac{(10 + 0{,}07)}{10} = 206^{m}0322$.

La surface est $206^{m}0322 \times 206^{m}0322 = 42449^{mc}0674 = 4^{\text{hectares}}\ 24^{\text{ares}}\ 49^{\text{centiares}}$.

12° *L'are a-t-il une forme déterminée? Et le décamètre carré?*

La forme de l'are n'est pas déterminée. Le décamètre carré est censé avoir la forme carrée.

13° *En admettant que la vitesse d'une locomotive soit de* 20 *mètres par seconde, trouver le temps qu'elle mettrait à parcourir une distance de* 290 *lieues de* 25 *au degré.*

Pour parcourir 20 mètres, la locomotive emploie 1 seconde; pour parcourir 1 mètre, elle emploie $\frac{1}{20}$ de seconde; pour parcourir 40000000 de mètres, ou 360 degrés, elle emploie $\frac{1}{20} \times 40000000$; pour parcourir un degré, ou 25 lieues, elle emploie $\frac{40000000}{20 \times 360}$; pour parcourir 1 lieue, elle emploie $\frac{40000000}{20 \times 360 \times 25}$; et, pour parcourir 290 lieues, elle emploie $\frac{40000000 \times 290}{20 \times 360 \times 15} =$ 6444 sec. 444 $= 17^{\text{h}}\ 54^{\text{min}}\ 1^{\text{sec}}$.

14° *La densité du cuivre est de* 8,85; *celle de l'étain* 7,29; *celle du zinc* 7,19. *Quel est le volume d'une pièce de* 0,10?

Une pièce de 0,10 pèse 10 grammes.

D'après le n° 362, le cuivre, l'étain et le zinc pèsent respectivement :

$$9^{g}5;\ 0^{g}4;\ 0^{g}1.$$

Le volume d'un corps s'obtenant en divisant le poids de ce corps par sa densité, les volumes des trois métaux ci-dessus sont, sans tenir compte de la contraction ni de la dilatation qui peuvent se produire dans la fusion :

$$\text{Cuivre } \frac{9,5}{8,85} = 1^{cm^3}07344$$
$$\text{Étain } \frac{0,4}{7,29} = 0,\ 05486$$
$$\text{Zinc } \frac{0,1}{7,19} = 0,\ 0139$$
$$\text{Volume total} = 1^{cm^3}142$$

15° *La longitude de Gabon (Afrique) est de 7° 6′ est; celle de Quito (Amérique), est de 81° 5′ 30″ ouest. Trouver la plus courte distance de ces deux villes, situées sur un même parallèle, dont le rayon est 6378 kilomètres.*

Les deux pays mentionnés étant l'un à l'est, l'autre à l'ouest du premier méridien, leurs longitudes s'ajoutent :

$$80^\circ\ 5'\ 30'' + 7^\circ\ 6' = 88^\circ\ 11'\ 30''$$

Le parallèle sur lequel ces deux villes sont situées, ayant 6378 kilomètres de rayon, a une longueur de

$$3,1416 \times (6378 \times 2)$$

Cette longueur est celle de 360°; la proportion suivante fournira la réponse :

$$\frac{360^\circ}{88^\circ\ 11'\ 30''} = \frac{3,1416 \times (6378 \times 2)}{x}$$

$$\text{d'où } x = \frac{3,1416 \times (6378 \times 2) \times 88^\circ\ 11'\ 30''}{360} = 9817 \text{ km. } 26.$$

16° *Le litre a-t-il la forme d'un décimètre cube?*

Non, une telle forme rendrait cette mesure peu commode.

17° *Expliquer la définition du gramme.*

C'est le poids d'un centimètre cube d'*eau pure*, c'est-à-dire débarrassée, par la distillation, de toute matière étrangère; prise à son *maximum de densité*, c'est-à-dire lorsque, sous le même volume, elle contient la plus grande quantité de matière (ce qui a lieu quand elle est à la température + 4°), *pesée dans le vide*, c'est-à-dire que, par le calcul, on a obtenu le même résultat que si le poids avait été pris dans le vide.

18° *Sachant que l'on pèse un litre d'eau dans l'air, avec des poids en cuivre, dont la densité est* 8,80, *combien faut-il ajouter ou retrancher au poids accusé pour avoir le poids exact?*

Un litre d'air pèse $1^{g}\,30$.

Un litre d'eau a pour volume un décimètre cube et pèse un kilogramme.

D'après le principe d'Archimède mentionné à la solution de la 5e question de ce chapitre, un décimètre cube d'eau pèse dans le vide $1^{k} + 1^{g}\,30$. (*a*)

Les poids employés ont un volume de $\frac{1^{k}}{8,8}$; ils perdent dans l'air $\frac{1}{8,8} \times 1^{g}\,3$ et pèseraient dans le vide $1^{k} + \left(\frac{1}{8,8} \times 1^{g}\,30.\right)$ (*b*)

La différence des poids (*a*) et (*b*) est $1^{g}\,30 - \left(\frac{1}{8,80} \times 1^{g}\,30\right) = 1^{g}\,30 - 0^{g}\,147 = 1^{g}\,153$ elle exprime ce qui manque au poids accusé dans l'air.

19° *On mesure du bois dont les bûches ont* $1^{m}\,20$, *tandis que l'on a calculé la hauteur des montants du stère en supposant les bûches de* 1,14. *Suffit-il, pour avoir un stère exact de bois, de diminuer de* $0^{m}\,06$ *la hauteur des montants?*

Dans le 1er cas, la hauteur des montants égale:

$$\frac{1m^{3}.}{1 \times 1,20} = \frac{1m^{3}.}{1^{m^2}20} = 0,833.$$

Dans le second cas, la hauteur égale:

$$\frac{1m^{3}.}{1 \times 1,14} = \frac{1m^{3}.}{1^{m^2}14} = 0,877;$$

$$0,877 - 0,833 = 0,044.$$

Donc, il ne suffit pas de diminuer de $0^{m}\,06$ la hauteur des montants.

20° *On a un vase qui a été fabriqué pour servir de litre, mais il manque à sa hauteur et à son diamètre* 0,005; *combien lui manque-t-il pour avoir la contenance voulue?*

D'après la loi, les dimensions du litre sont: diamètre, $0^{m}\,086$; hauteur $0^{m}\,172$.

Le litre ayant la forme d'un cylindre, la formule qui donne sa capacité est:

$$V = \pi R^{2} H = \pi \times \left(\frac{0,086}{2}\right)^{2} \times 0,172;$$

mais les dimensions du vase en question étant différentes, sa capacité égale :

$$\pi R^2 H = 3{,}1416 \times \left(\frac{0{,}086 - 0{,}005}{2}\right)^2 \times (0{,}172 - 0{,}005) = 0^{dm^3}860$$

Il manque à ce vase :

$$1^{\text{litre}} - 0^{\text{litre}}860 = 0^{\text{litre}}94.$$

21° *Sachant qu'une pièce de 5 fr. a perdu 0 gr. 06 par l'usure; dites combien il manque à sa valeur pour qu'elle atteigne le minimum prescrit par la loi?*

Cette pièce de 5 fr. pèse 25 gr. — 0,06, ou $24^g 94$.

Donc elle pèse encore plus qu'il ne faut pour arriver au minimum toléré par la loi, car la tolérance sur le poids étant (380) des $\frac{3}{1000}$ de celui de la pièce, le poids le plus faible de la pièce de 5 fr. est $25^g - \frac{25 \times 3}{1000} = 24^g 925$.

22° *Quelle différence y a-t-il entre 5 fr. en pièces de 1 fr. et la valeur d'une pièce de 5 fr.*

Dans 5 fr. en pièces de 1 fr., il n'y a que 25 gr. $\times$ 0, 835 = 20 gr. 875. d'argent pur, et dans une pièce de 5 fr. il y a 25 gr. $\times$ 0, 90 = 22 gr. 50. Différence, 1 gr. 625.

Or (368) le gramme d'argent pur vaut $\frac{198{,}50 \times 10}{9000} = 0{,}22$; 1g. 625 vaut donc $0{,}22 \times 1{,}625 = 0$ fr. 3575.

23° *Vaut-il mieux être payé en pièces de 5 fr. en argent qu'en or monnayé?*

Oui, parce que la valeur intrinsèque de la pièce de 5 fr. en argent est supérieure à sa valeur nominale.

24° *Quelle somme ferait-on avec un lingot d'argent pur de* 0 dm.^{3} 340, *la densité de l'argent étant* 10,47? *On suppose d'abord que l'on fabrique des pièces de 1 fr., puis que l'on fabrique des pièces de 5 fr.*

Le poids du lingot = 10 k. 470 $\times$ 0,340 = 3559 gr. 8.

Au titre de 0,9 le poids du lingot, en y ajoutant le cuivre nécessaire, devient $\frac{3559{,}8 \times 10}{9} = 3955$ gr. 333, ce qui donne $\frac{3955{,}333}{5}$, ou 790 fr. en pièces de 5 fr., + 5 gr. 333.

Au titre de 0,835, le poids total serait $\frac{3559{,}8 \times 1000}{835}$ = 4263 gr. 23, qui donneraient 852 fr. 50. Il resterait 73 centig.

25° *Sachant que l'eau, en se congelant, augmente de* $\frac{1}{15}$ *de son volume, dites quel serait le volume de la glace qui pèserait autant que* 25 000 *fr. en or; on admettra que les pièces ont toutes le poids légal exact.*

Un dm.³ d'eau donne $\frac{16}{15}$ de dm.³ de glace; donc la densité de la glace $= 1$ k. $\times \frac{15}{16} = 0$ k. 9375.

Le poids des 25 000 fr. en or est 0 gr. $32258 \times 25000 =$ 8064 gr. 50.

Le volume de la glace est donc 8 k. 0645 : 0,9375 = 8 décim. cub. 602.

26° *On a mesuré un solide avec un mètre qui est trop court de* 0,004. *Les dimensions de ce solide ont été trouvées respectivement de* 6,25, 8,75 *et* 3,20. *Quelle différence entre le volume réel et le volume accusé par les mesures?*

Le volume accusé par les mesures égale $6{,}25 \times 8{,}75 \times 3{,}20 =$ 175 mètres cubes; le volume réel égale :

$$\frac{6{,}25 \times 996}{1000} \times \frac{8{,}75 \times 996}{1000} \times \frac{3{,}20 \times 996}{1000} =$$

$6{,}225 \times 8{,}715 \times 3{,}1872 = 172$ mèt. cub. 90.

La différence $= 175 - 172{,}90 = 2$ mèt. cub. 1.

27° *Combien faudrait-il de litres d'eau de mer pour peser un quintal, sachant que l'eau de mer pèse* $\frac{26}{1000}$ *de plus que l'eau pure.*

Le litre d'eau de mer pèse $\frac{1026}{1000}$ de kil. Il faudra donc

$100 : \frac{1026}{1000} = 100 \times \frac{1000}{1026} = 97$ lit. $\frac{478}{1026}$.

28° *Quel serait, par rapport au gramme actuel, le poids du gramme, si l'on avait pris comme terme de comparaison le centimètre cube d'alcool au lieu du centimètre cube d'eau? On sait que l'alcool a pour densité* 0,79. *Combien de grammes pèserait, dans cette hypothèse, la pièce de* 5 *fr. en argent, si elle avait conservé la même valeur?*

Le gramme serait alors $\frac{79}{100}$ du gramme actuel. La pièce de 5 fr. pèserait $25 : \frac{79}{100} = 25 \times \frac{100}{79} = \frac{2500}{79} = 31$ gr. 645.

29° *En supposant que le cuivre vaille* 17 *fr. le décimètre cube, dites quelle serait la valeur du cuivre contenu dans* 5 *milliards en or. La densité du cuivre est* 8,80.

5 milliards en or pèsent $0,32258 \times 5000000000 = 1612900$ k. Le poids du cuivre étant le $\frac{1}{10}$ du poids total, égale $\frac{1612900}{10} =$ 161290 k. Le volume de ce cuivre est $\frac{161290}{8,8} = 18328$ *dm.*³ 409, dont la valeur est 17 fr. $\times$ 18328,409 = 311582 fr. 953.

30° *Un lingot d'or a été trouvé de* 0,05 *de diamètre et de* 0,25 *de hauteur; mais on s'aperçoit qu'il a été mesuré avec un mètre trop court de* 0,035. *De combien la valeur de ce lingot se trouvait-elle augmentée, sachant que la densité de l'or est* 19,26?

Le volume trouvé pour le lingot $= \frac{\pi \times 0,05 \times 0,05 \times 0,25}{2 \times 2} =$ 0 dm³ 490875.

Le volume réel $= \frac{0,05 \times (1^m - 0,035)}{2} \times \frac{0,05 \times (1^m - 0,035)}{2} \times \pi \times 0,25 \times (1^m - 0,035) = 0$ dm.³ 441116. La différence de volume égale 0 dm.³ 490875 — 0,441116 = 0,049759, dont le poids = 19 k. 26 $\times$ 0,049759 = 0 k. 958358.

Le kilog. d'or pur vaut 3437 francs; donc la différence vaut $3437 \times 0,958358 = 3293$ fr. 8764.

31° *On a pesé un lingot d'argent pur avec de l'eau que l'on avait mesurée dans un litre dont les dimensions étaient exagérées de* $\frac{1}{10}$ *de leur longueur; on croyait l'eau pure, et elle pesait* $\frac{1}{500}$ *de plus que l'eau pure. On a évalué le lingot à* 1950 *fr. Combien vaut-il?*

Le lingot a été trouvé de 1950 fr. pesé avec de l'eau qu'on croyait pure : cette eau pesait les $\frac{501}{500}$ de l'eau distillée. Comme on a considéré préalablement le volume de l'eau, plus elle est dense, moins le lingot sera trouvé pesant et réciproquement. Si elle n'eût pesé que $\frac{1}{500}$ de l'eau distillée, on eût trouvé le lingot 501 fois plus lourd et valant 1953 fr. $\times$ 501. Comme elle doit peser

$\frac{500}{500}$, le lingot vaut $\frac{1950 \times 501}{500} = 1953$ fr. 90, en supposant que le litre où l'on a mesuré l'eau ait les dimensions voulues.

Or celui dont il est question a pour volume 1 dm³. $\times \left(\frac{11}{10}\right)^3 = \frac{1331}{1000} = 1$ dm³. 331. L'eau contenue dans ce litre pèse donc $\frac{1331}{1000}$ de kilog. Or le lingot a été pesé avec cette eau. Si le litre d'eau n'eût pesé que $\frac{1}{1000}$ de k., on eût trouvé un poids, et par conséquent une valeur 1331 fois plus grande $= 1953{,}90 \times 1331$; et comme le litre doit peser $\frac{1000}{1000}$, le lingot vaut $\frac{1953 \text{ fr. } 90 \times 1331}{1000} =$ 2600 fr. 64.

32° *Si le mètre avait $\frac{1}{25}$ de longueur de plus, et que la pièce de 5 fr. dût peser le même nombre de grammes, quelle en serait la valeur par rapport à celle qu'elle a aujourd'hui? On ne tient pas compte de la valeur du cuivre.*

Le centimètre cube deviendrait les $\frac{26}{25} \times \frac{26}{25} \times \frac{26}{25}$ ou les $\frac{17576}{15625}$ de ce qu'il est, le gramme croîtrait donc dans la même proportion, ainsi que le poids de la pièce de 5 fr. Elle vaudrait donc $\frac{5 \times 17576}{15625} = 5$ fr. 62.

33° *Quel est le poids de la série totale des pièces françaises?*

OR		ARGENT		BRONZE	
fr.	gr.	fr.	gr.	c.	gr.
100	32,258	5	25	0,10	10
50	16,129	2	10	0,05	5
20	6,4516	1	5	0,02	2
10	3,2258	0,50	2,5	0,01	1
5	1,6129	0,20	1		
	59,6773 +		43,5 +		18

Total : 121gr 177.

34° *Quelles pièces d'or en circulation pèseraient autant réunies que deux pièces de 5 fr. en argent?*

2 pièces de 5 fr. en argent donnent une somme de 10 fr. du poids de 50 gr.; la somme en or qui pèserait autant égale $10 \times 15{,}5 = 155 = 100$ fr. $+ 40 + 10 + 5$. Il faudra donc 5 pièces d'or: une pièce de 100 fr., deux pièces de 20 fr., une pièce de 10 fr. et une pièce de 5 fr.

35° *Quelle somme en pièces de 5 fr. en argent donnerait le cuivre nécessaire à la fabrication de 1 fr. en bronze.*

1 fr. en bronze pèse 100 gr. et renferme 95 parties de cuivre qui pèsent 100 gr. $\times$ 0,95 = 95 gr. La somme d'argent au titre de 0,9, qui contient 95 gr. de cuivre, pèse 95 $\times$ 10 = 950 gr. Sa valeur $= \frac{950}{5} = 190$ fr.

36° *Quelle serait la valeur totale des 5 pièces d'or françaises si, tout en ayant le même volume, elles étaient d'or pur?*

La valeur actuelle des monnaies d'or est de $100 + 50 + 20 + 10 + 5 = 185$ fr. Les $\frac{9}{10}$ du poids de ces pièces valent 185 fr. $\frac{10}{10}$ (représentant le poids de ces pièces en or pur) valent $\frac{185 \times 10}{9} = \frac{1850}{9} = 205$ fr. 555.

37° *Si l'on triplait le diamètre et la profondeur d'une mesure de capacité, que deviendrait-elle?*

La formule du volume d'une mesure de capacité est : $\pi R^2 H = \pi \times R \times R \times H$. Le rayon et la hauteur étant triplés, cette formule deviendrait :

$$V = \pi \times 3R \times 3R \times 3H = 3 \times 3 \times 3 \times \pi \times R \times R \times H = 27 \pi R^2 H.$$

Donc le volume serait 27 fois plus grand.

38° *Un bijou est au titre de 0,920; il a une valeur intrinsèque de 2453 fr. 20. (On ne tient pas compte de la valeur du cuivre.) 1° Quelle est la quantité des monnaies de bronze que l'on pourrait faire avec le cuivre qu'il renferme; 2° quel serait le poids d'un lingot de platine de même volume que ce bijou, sachant que les densités de l'or, du cuivre et du platine sont respectivement : 19,26, 8,88 et 21,95?*

1° Cherchons d'abord le poids de l'or pur. Le kilog. d'or pur vaut 3437 fr.; ce lingot pèse donc $\frac{2453,20}{3437}$ k. Or ce poids est les 0,920 du poids total, celui du cuivre, qui en est les $0,080 = \frac{2453,20 \times 80}{3437 \times 920} = 0$k. 062.

Ces 62 grammes forment les 0,95 du poids total de la somme en bronze où ils entreront, et le poids de cette dernière sera $\frac{62 \times 100}{95} = 65$ grammes; la valeur est 0 fr. 65.

2° Le poids de l'or $= \frac{2453,2}{3437} =$ 0 k. 713762 ; son volume $=$ $\frac{0 \text{ k. } 713762}{19,26} =$ 37 cm³ 06. Le poids du cuivre égale 62 g., son volume est $\frac{0 \text{ k. } 062}{8,88} =$ 6 cm³ 98. Le volume total du bijou ou du lingot de platine égale donc $37^{\text{cm}^3}06 + 6^{\text{cm}^3}98 = 44^{\text{cm}^3}04$, dont le poids en platine est $21^{\text{k}}95 \times 0,04404 = 0^{\text{k}}966\,678$.

39° *Trouver les dimensions de l'hectolitre en bois.*

Le volume de l'hectolitre est 100 dm³. Soit R le rayon, 2 R la hauteur. Volume $= B \times H = \pi R^2 \times 2R = 2\pi R^3$.

$$2\pi R^3 = 100 \text{ dm}^3 ; \ R^3 = \frac{50 \text{ dm}^3}{\pi} = 15 \text{ dm}^3\,915\,457 ;$$

$$R = \sqrt[3]{15,915457} = 2 \text{ dm}.515$$
$$H = 2 \text{ dm}.\ 515 \times 2 = 5 \text{ dm}.\ 03.$$

40° *On a une somme du poids de* 25 *kilog.* 37 *en monnaie divisionnaire d'argent. On l'échange pour une valeur équivalente, mais en pièces de* 5 *fr. Quel sera le poids de la somme que l'on recevra?*

Cherchons le poids de l'argent pur contenu dans la première somme ; ce poids $= \frac{25 \text{ k. } 37 \times 835}{1000}$. Cet argent pur, si la somme est en pièces de 5 fr., formera les $\frac{9}{10}$ du poids total, et ce dernier poids sera par conséquent $\frac{25 \text{ k. } 37 \times 835 \times 10}{1000 \times 9} =$ 23 k. 537.

41° *On a pesé, avec* 40 *pièces de* 5 *fr., un corps dont la densité est* 1,357. *Quel sera le poids de ce corps dans le vide, la densité de l'air étant* 1,30, *celle de l'argent* 10,47, *et celle du cuivre* 8,88?

Le poids du corps a été trouvé de $25^{\text{gr}} \times 40 = 1000$ gr.

Le volume de ce corps $= \frac{25^{\text{gr}} \times 40}{1,357} =$ 0 dm³ 7 369. Le poids perdu dans l'air $=$ 1 g. 3 $\times$ 0,7 369 $=$ $0^{\text{gr}}95797$; le poids réel du corps égale donc 1 000 g. 95 797, pourvu qu'il soit pesé avec des poids de même densité que lui.

Or les $\frac{1000 \times 9}{10} = 900$ g. d'argent pur ont un volume de $\frac{900}{10,47} = 0$ dm³ 086, les $\frac{1000}{10} = 100$ g. de cuivre ont un volume de $\frac{100}{8,88} = 0$ dm³ 0112, et les 25 pièces de 5 fr. ont un volume total de 0 dm³ 086 + 0 dm³ 0112 = 0 dm³ 0972. Elles perdent dans l'air 1 gr. 3 × 0,0972 = 0,12636, leur poids dans le vide = 1000 g. 12636.

L'argent employé ne fera donc plus équilibre au poids du corps.

Autant de fois 1000 gr. 12636 seront contenus dans 1000,95797, autant de kilog. le corps pèsera dans le vide.

$$x = \frac{1000,95797}{1000,12636} = 1^{k}000078.$$

42° *Quelle est la valeur intrinsèque maximum que peut avoir une pièce de 50 fr.?*

La tolérance pour le poids = 0,002; le poids le plus fort = $\frac{16,129 \times 1002}{1000} = 16,161258$; la tolérance pour le titre = 0,002; le poids de l'or pur peut être $\frac{16,161258 \times 902}{1000} = 14,5774547$, dont la valeur égale 3,437 × 14,5774547 = 50 fr. 1027.

43° *Réduire* 2 *ans* 6 *mois* 4 *jours* 3 *heures* 5 *min. en minutes. (On compte le mois de* 30 *jours.)*

2 ans = 24 mois;

30 jours × (24 + 6) = 900 jours;

24 heures × (900 + 4) = (20 × 904) + (4 × 904) = 18080 + 3616 = 21696 heures;

60 min. × (21696 + 3) = 1301940 min.;

1301940 + 5 = 1301945 min.

Réponse : 1301945 minutes.

44° Chercher le nombre de livres (tournois) contenues dans $\frac{547\,647}{5}$ *de deniers. (La livre vaut 20 sous de 12 deniers.)*

$$\frac{547\,647}{5} \text{ de deniers} = 109\,529 \text{ deniers } \frac{2}{5};$$

$$109\,529 \text{ deniers} = \frac{109\,529}{12} = 9\,127 \text{ sous } 5 \text{ deniers};$$

$$9\,127 \text{ sous} = \frac{9\,127}{20} = 456 \text{ livres } 7 \text{ sous.}$$

$$\text{Réponse : } 456 \text{ livres, } 7 \text{ sous, } 5 \text{ deniers } \frac{2}{5}.$$

45° Que coûtaient 37 aunes de drap à 3 écus 2 livres 5 sous l'aune? (L'écu était de 6 livres.) Opérer par les parties aliquotes.

(3 écus 2 liv. 5 sous) $\times$ 37 = $(3 \times 37) + (2 \times 37) + (5 \times 37)$.

On multipliera d'abord 3 écus par 37; puis, remarquant que 2 livres sont les $\frac{2}{3 \times 6} = \frac{1}{9}$ de trois écus, on prendra le $\frac{1}{9}$ du premier résultat; enfin, 5 sous étant les $\frac{5}{20 \times 2} = \frac{1}{8}$ de 2 livres, on prendra le $\frac{1}{8}$ du deuxième produit partiel.

3 écus	2 liv. 5 sous
37	
111	
12	2 liv.
1	3 liv. 5 sous
124 écus	5 liv. 5 sous

46° Combien valent 45 toises carrées, 2 pieds 7 pouces de terrain, à 5 liv. 12 sous la toise carrée ?

La toise carrée vaut $6 \times 6 = 36$ pieds carrés, ou 5184 pouces carrés.

Le pied carré vaut $12 \times 12 = 144$ pouces carrés.

		5 liv. 12 s.
		45 t. 2 p. 7 p.
$5 \times 45 =$		225 liv.
$12 \times 45 =$	$\left\{ \begin{array}{l} 10 \text{ s.} \times 45 = \\ 2 \quad \times 45 = \end{array} \right.$	22 10 s. 4 10

(5 liv. + 12 s.) × 2 pieds car. égalent $(5 \text{l. } 12 \text{ s.}) \frac{2}{36}$

$$(5 \text{l.} + 12 \text{ s.}) \times \frac{2}{36} = \frac{112 \text{ sous}}{18} = 0 \quad 6 \text{s.} \quad \frac{2}{9}$$

(5 liv. + 12 sous) × 7 pouces carrés égalent

$$\left\{ \begin{array}{ll} (5 \text{ l.} + 12 \text{ s.}) \times 6 \text{ p. c.} = \frac{112 \text{ sous} \times 6}{5184} & = 0 \quad 0 \quad \frac{672}{5184} \\ (5 \text{ l.} + 12 \text{ s.}) \times 1 \text{ p. c.} = \frac{112 \text{ sous}}{5184} & = 0 \quad 0 \quad \frac{112}{5184} \end{array} \right.$$

$$252 \text{l.} \ 6 \text{s.} \ \frac{1936}{5184}$$

47° 17 *livres* 7 *onces* 4 *gr. d'une marchandise valent* 1 *fr. Combièn aura-t-on de cette marchandise pour* 35 *fr.* 7 *sous* 8 *deniers? (Parties aliquotes.)*

La livre vaut 16 onces, l'once 8 gros, le gros 3 deniers, le denier 24 grains.

	17 liv.	7 onces	4 gros				
	× 35 fr.	7 sous	8 deniers				
17 l. × 35 =	510 liv. 85						
7 o. × 35 = $\left\{ \begin{array}{l} 4 \times 35 = 140^{\text{onces}} \\ 2 \times 35 = 70^{\text{onces}} \\ 1 \times 35 = 35^{\text{onces}} \end{array} \right.$	= 8 = 4 = 2	12 onces 6 3					
4 gros × 35	= 1	1	4 gros				
Pour 5 sous, $\frac{1}{4}$ du mult^de^	= 4	5	7				
Pour 1 sou,	= 0	13	7	$\frac{4}{5}$	48		
Pour 1 sou,	= 0	13	7	$\frac{4}{5}$	48		60
Pour 6 den.,	= 0	6	7	$\frac{9}{10}$	54		
Pour 2 den.	= 0	2	2	$\frac{19}{30}$	38		60
	618^l^	1°	5^g^	$\frac{2}{15}$	188 8		3

CHAPITRE VII

PROPORTIONS

1° *Dans une suite de rapports égaux, la somme des antécédents est à la somme des conséquents comme un antécédent est à son conséquent.*

En effet, la somme des antécédents divisée par la somme des conséquents forme un rapport, dont les termes égalent ceux du 1er rapport, ou d'un rapport quelconque dont les deux termes sont multipliés par un même facteur entier ou fractionnaire; le rapport résultant est donc équivalent à un quelconque des rapports égaux donnés, et forme avec lui une proportion.

$$\frac{2}{3} = \frac{4}{6} = \frac{16}{24} = \frac{2 + 4 + 16}{3 + 6 + 24} = \frac{22}{33} = \frac{2 \times 11}{3 \times 11} = \frac{2}{3}.$$

2° *Quel est le plus juste des deux escomptes : le rationnel ou le commercial?*

L'escompte rationnel est le plus exact, parce qu'on opère sur la valeur actuelle et réelle du billet, tandis que dans l'escompte commercial, on opère sur une valeur fictive et nominale qui ne deviendra réelle qu'au jour même de l'échéance.

La valeur du billet, dans l'escompte rationnel, augmente tous les jours, et la valeur actuelle n'atteint la valeur nominale qu'au jour de l'échéance; dans l'escompte commercial, le billet est supposé avoir toujours pour valeur la valeur nominale portée sur le billet.)

3° *Dans deux proportions, si les antécédents sont égaux, les conséquents sont proportionnels; si les conséquents sont égaux, les antécédents sont proportionnels.*

Soient les proportions $\frac{4}{6}=\frac{8}{12}$; $\frac{4}{15}=\frac{8}{30}$.

Faisant le produit des extrêmes et le produit des moyens, il vient :

$$4\times 12=6\times 8;\ 4\times 30=15\times 8.$$

Divisant ces égalités membre à membre, il vient :

$$\frac{4\times 12}{4\times 30}=\frac{6\times 8}{15\times 8}=\frac{12}{30}=\frac{6}{15}.$$

Même démonstration pour le 2e cas.

4° *Dans deux proportions, si les extrêmes sont égaux, les moyens sont réciproquement proportionnels; si les moyens sont égaux, les extrêmes sont réciproquement proportionnels.*

Soient les proportions $\frac{2}{9}=\frac{8}{36}$; $\frac{2}{3}=\frac{24}{36}$.

Divisant ces égalités membre à membre, il vient :

$\frac{2}{9}:\frac{2}{3}=\frac{8}{36}:\frac{24}{36}$, ou $\frac{2\times 3}{9\times 2}=\frac{8\times 36}{36\times 24}$, ou enfin $\frac{3}{9}=\frac{8}{24}$, et réciproquement.

Donc, etc.

5° *Sachant qu'une somme doit être partagée entre 4 personnes qui doivent avoir respectivement :* $\frac{1}{4}$, $\frac{2}{3}$, $\frac{3}{5}$ *et* $\frac{1}{2}$ *de la somme, dites comment on opèrera le partage.*

Réduisant ces fractions au même dénominateur, il vient :

$$\frac{15}{60},\ \frac{40}{60},\ \frac{36}{60},\ \frac{30}{60}.$$

Les parts devant être proportionnelles à ces fractions, il suffit de partager en parties proportionnelles à 15, 40, 36, 30.

6° *Une ville assiégée a des vivres pour* m *jours ; il faut qu'elle tienne* n *jours de plus. A combien faut-il réduire la ration, qui n'est en ce moment que les* $\frac{3}{5}$ *d'une ration ordinaire ?*

Si les vivres ne devaient durer qu'un jour, chacun aurait $\frac{3 \times m}{5}$, mais comme ils doivent durer $m + n$ jours, chacun aura $\frac{3 \times m}{5(m+n)}$.

7° *Lorsque* n *nombres* a, b, c,..... l *sont inégaux, le quotient de leur somme par* n *est une moyenne entre les nombres.*

Soit a le plus petit nombre, l le plus grand; le quotient $\frac{a + b + c + d ..... + l}{n} = q$, nombre évidemment compris entre a et l, et par conséquent moyen entre ces nombres.

On entend par moyenne entre plusieurs nombres une quantité plus grande que le plus petit et plus petite que le plus grand.

8° *Lorsque les deux moyens d'une proportion sont égaux, ils sont une moyenne entre les extrêmes.*

Soit l'équidifférence $a \,.\, b : b \,.\, c$; $b + b = a + c$, d'où $b = \frac{a+c}{2}$.

9° *La moyenne géométrique de deux nombres est plus petite que leur moyenne arithmétique.*

Soient a^2 et b^2 les deux nombres; leur moyenne géométrique est $\sqrt{a^2 b^2} = ab$. Leur moyenne arithmétique est $\frac{a^2 + b^2}{2}$. Multiplions ces deux moyennes par 2, il vient d'un côté $2\,ab$, de l'autre, $a^2 + b^2$; or, $a^2 + b^2 - 2\,ab$ ou $(a - b)^2$ est positif, à moins que $a = b$.

Donc, si les nombres sont inégaux, leur moyenne arithmétique $\frac{a^2 + b^2}{2}$ est plus grande que leur moyenne géométrique ab.

10° *La somme du plus grand et du plus petit terme d'une proportion est plus grande que la somme des deux autres.*

Deux nombres de même total donnent un produit d'autant plus grand que ces nombres sont plus rapprochés : $8 \times 8 = 64$; $9 \times 7 = 63$; $10 \times 6 = 60$ ..... $14 \times 2 = 28$.

Réciproquement, deux nombres de même produit donnent un total d'autant plus fort qu'ils sont plus éloignés : $6 \times 6 = 36$, $6 + 6 = 12$; $4 \times 9 = 36$, $4 + 9 = 13$; $18 \times 2 = 36$, $18 + 2 = 20$.

Or, dans l'exemple proposé, les deux termes en question sont ou tous les deux extrêmes, ou tous les deux moyens. Leur produit étant égal au produit des 2 autres termes, ces 2 autres termes seront, par hypothèse, plus voisins l'un de l'autre, et, par conséquent, leur total sera plus faible.

$$\text{Ex. : } \frac{8}{4} = \frac{6}{3}; \; 8 + 3 > 4 + 6.$$

11° *La racine carrée de la somme des carrés des antécédents est à la racine carrée de la somme des carrés des conséquents comme un antécédent est à son conséquent.*

Soit la proportion $\frac{a}{b} = \frac{c}{d}$.

Élevant chaque terme au carré, il vient :

$$\frac{a^2}{b^2} = \frac{c^2}{d^2}; \text{ de là, } \frac{a^2 + c^2}{b^2 + d^2} = \frac{c^2}{d^2}.$$

Extrayant la $\sqrt{\ }$ des deux membres, il vient :

$$\frac{\sqrt{a^2 + c^2}}{\sqrt{b^2 + c^2}} = \frac{c}{d}.$$

12° *Un robinet donne* n *litres en* a *heures; un autre* m *litres en* b *heures; ils remplissent un bassin qui contient* c *litres. Combien chacun en a-t-il versé?*

En 1 heure, le 1er robinet donne $\frac{n}{a}$, le 2e, $\frac{m}{b}$, ensemble, $\frac{bn + am}{ab}$. Pour remplir le bassin, il faudra :

$$c : \frac{bn + am}{ab} = \frac{cab}{bn + am}.$$

Le 1er versera $\frac{cab}{bn + am} \times \frac{n}{a} = \frac{cbn}{bn + am}$.

Le 2e — $\frac{cab}{bn + am} \times \frac{m}{b} = \frac{cam}{bn + am}$.

13° *Un robinet remplirait un bassin en* a *heures; un autre en* b *heures; un 3e le viderait en* c *heures; ils coulent tous trois ensemble. Quand le bassin sera-t-il rempli? Examiner ce que devient la question si* c *est égal ou supérieur à* $\frac{1}{a} + \frac{1}{b}$.

En 1 heure, le 1er robinet donne $\frac{1}{a}$; le 2e, $\frac{1}{b}$; ensemble, $\frac{b + a}{ab}$.

Le 3e robinet viderait en c heures ; en 1 heure, $\frac{1}{c}$. Il reste donc au bout de 1 heure $\frac{b+a}{ab} - \frac{1}{c} = \frac{c(b+a)-ab}{abc}$. Le bassin étant 1, il faudra :

$$1 : \frac{c(b+a)-ab}{abc} = \frac{abc}{c(b+a)-ab} \text{ pour le remplir.}$$

Si $\frac{1}{c} = \frac{1}{a} + \frac{1}{b}$, la réponse est ∞ ; si $\frac{1}{c} > \frac{1}{a} + \frac{1}{b}$, elle est négative ; si $\frac{1}{c} < \frac{1}{a} + \frac{1}{b}$, elle est positive.

14° *Dans quelle proportion alliera-t-on de l'or à 0,95 et à 0,800 pour l'avoir au titre légal des pièces de monnaie?*

De l'or à 0,950 a 0,050 de plus que le titre légal ; de l'or à 0,800 en a 0,100 de moins ; il faudra prendre 50 gr. à 0,800 et 100 gr. à 0,950, ou d'autres quantités dans lesquelles les poids respectifs seront entre eux comme 1 et 2. A 1 gr. au titre de 0,800 il manque 0,100 ; 2 gr. au titre de 0,950 ont $0{,}050 \times 2 = 0{,}100$ de trop. Il y a donc compensation.

15° *On veut que le rapport $\frac{2}{3}$ devienne $\frac{13}{25}$; quel nombre faut-il ajouter à ses deux termes?*

Il suffit d'ajouter au numérateur $13 - 2 = 11$, et au dénominateur $25 - 3 = 22$.

16° *Un travail dont la difficulté est représentée par $\frac{3}{5}$ a été fait par 6 ouvriers en un jour. Quelle serait la difficulté d'un travail fait dans le même temps par 11 ouvriers également actifs?*

Plus il y a d'ouvriers, plus le travail peut être difficile ; le rapport est direct, et l'on doit écrire (431) :

$$\frac{\frac{3}{5}}{x} = \frac{6}{11} ;\ x = \frac{\frac{3}{5} \times 11}{6} = \frac{3 \times 11}{5 \times 6} = \frac{11}{10}.$$

17° *Sept ouvriers travaillant 11 heures par jour, pendant 20 jours, ont fait un travail dont la difficulté est représentée par 7 ; la force et l'activité de ces ouvriers étant représentées par 9, combien faudrait-il de jours à 12 ouvriers dont l'acti-*

vité serait 11, *travaillant* 10 *heures, pour faire un travail qui serait les* $\frac{15}{13}$ *de celui qu'ont fait les premiers, la difficulté de ce travail étant représentée par* 8 ?

On écrit les données comme il est indiqué (436).

On représente les deux ouvrages respectivement par $\frac{13}{13}$, $\frac{15}{13}$, ou 13, 15.

7 ouv.	11 h.	20 j.	7 diff.	9 force	13 ouvrage
12	10	x	8	11	15

Plus il y a d'ouvriers, moins il faut de jours; le rapport est inverse, donc... (433)

$$\frac{20}{x} = \frac{12}{7},\ x = \frac{20 \times 7}{12}. \qquad (a)$$

Plus on travaille d'heures, moins il faut de jours.

$$\frac{x}{x'} = \frac{10}{11},\ x' = \frac{x \times 11}{10}. \qquad (b)$$

Plus la difficulté est grande, plus il faut de jours. (431)

$$\frac{x'}{x''} = \frac{7}{8},\ x'' = \frac{x' \times 8}{7}. \qquad (c)$$

Plus la force est considérable, moins on travaille de jours.

$$\frac{x''}{x'''} = \frac{11}{9},\ x''' = \frac{x'' \times 9}{11}. \qquad (d)$$

Plus il y a d'ouvrage à faire, plus il faut de jours.

$$\frac{x'''}{x^{\text{IV}}} = \frac{13}{15},\ x^{\text{IV}} = \frac{x''' \times 15}{13}. \qquad (e)$$

On remplace dans cette égalité (e), x''' par sa valeur (d), etc..., et l'on a :

$$x^{\text{IV}} = \frac{20 \times 7 \times 11 \times 8 \times 9 \times 15}{12 \times 10 \times 7 \times 11 \times 13} = \frac{180}{13} = 11 \text{ j. } \frac{11}{13}.$$

18° *Deux ouvriers ont travaillé ensemble à un certain ouvrage, pendant* 6 *jours. Seul, le premier aurait terminé le travail en* 13 *jours ; le second, en* 17 ; *après le* 6e *jour de travail, le premier reste seul. Sachant qu'ils ont reçu* 125 *fr. et qu'ils ont été payés proportionnellement à leur activité connue dites ce que chacun d'eux a reçu.*

Le premier ouvrier, finissant l'ouvrage en 13 jours, fait par jour $\frac{1}{13}$ du travail; le deuxième en fait $\frac{1}{17}$. Ensemble, ils font par jour $\frac{1}{13} + \frac{1}{17} = \frac{17 + 13}{221} = \frac{30}{221}$ de l'ouvrage.

Avant de se séparer, ils ont travaillé pendant 6 jours; ils ont fait $\frac{30}{221} \times 6 = \frac{180}{221}$ de l'ouvrage.

Le premier fera donc encore $\frac{221}{221} - \frac{180}{221} = \frac{41}{221}$. Il a déjà fait $\frac{17}{221} \times 6 = \frac{102}{221}$; en tout $\frac{102 + 41}{221} = \frac{143}{221}$.

Le deuxième a fait le reste, $\frac{221}{221} - \frac{143}{221} = \frac{78}{221}$.

Il reste à partager 125 fr. proportionnellement à $\frac{143}{221}$ et $\frac{78}{221}$, ou plus simplement à 143 et 78.

Donc (476), la part du premier $= \frac{125 \times 143}{221} = 80 + \frac{195}{221}$, celle du second, $\frac{125 \times 78}{221} = 44 + \frac{26}{221}$.

19° *Deux associés ont formé une entreprise, par laquelle ils ont fourni respectivement* 15000 *fr. et* 17000 *fr. Le travail du premier est évalué, en outre, aux* $\frac{3}{4}$ *du capital, et celui du deuxième au* $\frac{1}{3}$ *seulement. Les bénéfices sont de* 12000 *fr. à la fin de l'année. Combien chacun aura-t-il?*

Le capital social $= 15000 + 17000 = 32000$ fr. Le travail du premier est évalué aux $\frac{3}{4}$ du capital, c'est-à-dire à $\frac{32000 \times 3}{4} = 24000$ fr.; sa mise égale donc $15000 + 24000 = 39000$ fr. De même, la mise du deuxième $= \frac{32000}{3} + 17000 = \frac{83000}{3}$ de fr.

Il reste à partager 12000 en parties proportionnelles à 39000 et $\frac{83000}{3}$, ou à $\frac{117000}{3}$ et $\frac{83000}{3}$. $\frac{117000}{3} + \frac{83000}{3} = \frac{200000}{3}$, ou, en supprimant les dénominateurs, $117000 + 83000 = 200000$.

$$\frac{12000}{x} = \frac{200000}{117000}; \quad \frac{12000}{x'} = \frac{200000}{83000} \text{ (477)}.$$

$$x = \frac{12000 \times 117000}{200000} = 7020 \text{ fr.}$$

$$x' = \frac{12000 \times 83000}{200000} = 4980 \text{ fr.}$$

20° *Dans une entreprise, les quatre associés ont placé des capitaux* a, b, c, d; *les parts de travail sont entre elles comme* $\frac{1}{a}$, $\frac{1}{b}$, $\frac{1}{c}$, $\frac{1}{d}$. *Comment partagera-t-on le bénéfice* A?

Les parts de travail sont entre elles comme $\frac{1}{a}$, $\frac{1}{b}$, $\frac{1}{c}$, $\frac{1}{d}$.

Le bénéfice A doit être partagé proportionnellement aux mises et aux parts de travail de chaque associé.

Les nombres proportionnels sont donc des produits décomposés en facteurs, et égalent respectivement $a \times \frac{1}{a} = \frac{a}{a} = 1$; $b \times \frac{1}{b} = \frac{b}{b} = 1$, etc.

Les nombres proportionnels étant égaux, les parts sont égales: chacune égale $\frac{A}{4}$.

21° *Une entreprise a duré 15 années; un associé avait mis 15000 fr. et apportait son concours, estimé les* $\frac{7}{10}$ *du capital social; un autre 30000 fr., et ne prêtait pas son concours personnel; un troisième 50000 fr., qu'il a retirés au bout de 3 ans; mais il a remplacé le capital par son concours actif, qui lui donnait droit au même bénéfice; un quatrième avait apporté d'abord 15000 fr., et, au bout de 2 ans, il y a joint 70000 fr.; enfin, un cinquième a donné pendant 7 ans son concours estimé autant qu'un capital de 25000 fr. et a placé, dès le début de l'entreprise, 45000 fr. Quelle part chacun aura-t-il des bénéfices, qui se montent à 87000 fr.?*

Le *capital social* se compose des espèces placées dans la société à son début.

Ce capital est $15000 + 30000 + 50000 + 15000 + 45000 = 155000$ fr.

Le concours du premier associé, estimé aux $\frac{7}{10}$ du capital, égale $\frac{155000 \times 7}{10} = 108500$. Sa mise se compose donc de $15000 + 108500 = 123500$ francs placés pendant 15 ans, ou d'une somme 15 fois plus forte pendant un an.

$123500 \times 15 =$ 1852500

La somme qui, pendant un an, donnerait autant de bénéfice que la mise du deuxième pendant 15 ans, égale $30000 \times 15 =$ 450000

Le troisième place 50000 fr. pendant 3 ans, puis son concours actif remplace cette somme qu'il retire. Sa mise égale $50000 \times 15 =$ 750000

Le quatrième place d'abord 15000 fr. pour 15 ans, ou $15000 \times 15 = 225000$ fr. pour un an; il y joint 70000 fr. pendant $15 - 2 = 13$ ans, ce qui revient, pour un an, à $70000 \times 13 = 910000$ fr. Sa mise totale équivaut à $225000 + 910000 =$ 1135000

Dès le début, le cinquième place 45000 fr. pour 15 ans, ou $45000 \times 15 = 675000$ fr. pour un an. Le concours qu'il donne, pendant un an, étant estimé 25000 fr., celui de 7 années sera estimé $25000 \times 7 = 175000$ fr. Sa mise égale $675000 + 175000 =$ . . . 850000

La somme qui, en un an, rapporterait autant que toutes les mises pendant le temps marqué est . . . 5037500

On trouvera chaque part d'après le n° 477.

$$\left.\begin{array}{lrl} 1^\circ \ \dfrac{87000 \times 1852500}{5037500} & = 31993 + & 221 \\ 2^\circ \ \ldots\ldots & = 7771 + & 287 \\ 3^\circ \ \ldots\ldots & = 12952 + & 344 \\ 4^\circ \ \ldots\ldots & = 19601 + & 397 \\ 5^\circ \ \ldots\ldots & = 14679 + & 363 \end{array}\right\} 403$$

$$\text{Preuve :} \quad 86996 + \frac{1612}{403} = 87000$$

22° *On escompte le 15 mars un effet payable le 1er avril, la somme versée est 725 fr. 30, le timbre est de 0,20, le taux 6 %, et les frais de commission sont de 1 fr. 50. On suppose que l'effet escompté appartient à un commerçant dont le capital rapporte 10 % par an, dites s'il pourrait, sans perdre, faire rentrer ainsi toutes ses créances.*

La valeur versée ou actuelle étant 725 fr. 30, on cherche d'abord la valeur nominale du billet.

Du 15 mars au 1er avril, il y a 16 jours. L'escompte commercial sur 100 fr. pour ce temps est (442, Remarque 1).

$$I = cit = 100 \times 6 \times \frac{16}{360 \times 100} = \frac{100 \times 6 \times 16}{36000} = \frac{4}{15} \text{ de fr.}$$

Un billet dont la valeur nominale serait 100 fr. se réduirait à $100 - \frac{4}{15} = \frac{1496}{15}$.

Donc (433) $\frac{100}{x} = \frac{\frac{1496}{15}}{725,30}$, $x = \frac{725,30 \times 100 \times 15}{1496} =$ 727,239 ou 727,24. (*a*)

Or, d'autre part, la somme reçue par le négociant doit être diminuée de $(0,20 + 1,50) = 1,70$. Il lui reste donc, $725,30 - 1,70 = 723,60$.

Ces 723,60, placés dans le commerce pendant 16 jours, lui donneront un certain intérêt.

Cet intérêt égale (442) $\frac{10 \times 723,60 \times 16}{100 \times 360} = 3,216$.

Au 1er avril, il se trouvera possesseur de $723,60 + 3,216 =$ 726,816. (*b*)

En comparant les résultats (*a*) et (*b*), on voit qu'il lui était plus avantageux d'attendre l'échéance de son billet.

CHAPITRE VIII

APPROXIMATIONS

1° *Le nombre* 5,47738 *n'a que ses quatre premiers chiffres exacts, quelle est la limite de son erreur absolue et de son erreur relative?*

La limite de l'erreur absolue est 0,00038 (494); celle de l'erreur relative $= \frac{38}{547738} < \frac{100}{500000} < \frac{1}{5000} < \frac{1}{1000}$ (496).

2° *Le nombre* 0,258923 *est approché à* 0,001 *près par excès, le réduire à ses chiffres exacts, et indiquer la limite de son erreur relative.*

Le nombre a 3 chiffres exacts, 0,258 (497); la limite de son erreur relative est

$$\frac{923}{258923} < \frac{1000}{200000} < \frac{1}{200} < \frac{1}{100}.$$

3° *On sait que le nombre* 173,564 *est approché par excès à* $\frac{1}{10000}$ *de sa valeur; l'écrire avec ses chiffres exacts, et donner la limite de son erreur absolue.*

Les chiffres exacts du nombre sont (497) 173,5. La limite de l'erreur absolue est 0,064.

4° *Les nombres* 76,536 ; 6,18 ; 587,78 *et* 3, 1, *sont donnés avec leurs chiffres exacts. Quelle serait la limite de l'erreur absolue et de l'erreur relative de leur somme?*

L'erreur absolue du total est moindre que (0,001 + 0,01 + 0,01 + 0,1), ou 0,121.

L'erreur relative du total est plus petite que la somme des erreurs relatives de chaque nombre, plus petite, par conséquent, que $\left(\frac{1}{70000} + \frac{1}{600} + \frac{1}{50000} + \frac{1}{30}\right)$, *à fortiori* plus petite que $\left(\frac{1}{10000} + \frac{1}{100} + \frac{1}{10000} + \frac{1}{10}\right)$, ou $\frac{1102}{10000} < \frac{10000}{10000} < 1$.

L'erreur relative est donc plus petite qu'une unité.

5° *La somme des nombres* 3,1......, 141,4......, 28,2......, *doit être approchée à* $\frac{1}{10000}$ *près. Combien manque-t-il de chiffres à ces nombres?*

Il manque quatre chiffres à ces nombres (507).

6° *Dans la différence* 845,54 — 243,5678, *on ne conserve que les cinq premiers chiffres du petit nombre. Indiquer la limite et le sens de l'erreur absolue de cette différence.*

L'erreur est par excès. Le petit nombre étant pris à un centième près, la différence est approchée à un centième par excès (508).

7° *On prend* 314,16 *et* 3,14 *pour les valeurs approchées des nombres* 314,1592 *et* 3,1415. *Donner la limite et le sens de l'erreur absolue de leur différence.*

Le grand nombre étant approché à un centième par excès, et le petit à un centième par défaut, la différence est approchée à deux centièmes par excès.

8° *Quel est, à* 0,001 *près, le produit de* 3,1415926 *par* 14,18873?

```
   3,1415 926
   3,7881,41
  ------------
  31 4159 2
  12 5663 6
     3141 5
     2512 8      (509)
      251 2
       21 7
          9
  ------------
  44,5750 9
```

9° *Combien manque-t-il de chiffres aux facteurs 3,1..... et 18,6....., pour avoir leur produit à 0,01 près?*

3 chiffres (509).

10° *Avec combien de chiffres faut-il prendre les facteurs 389,50623 et 16,4782, pour avoir leur produit à* $\frac{1}{1000}$ *près?*

Il faut les prendre avec tous leurs chiffres (509).

11° *Dans cette division,* $\frac{360}{17{,}72453}$, *le diviseur est donné avec ses chiffres exacts. Quelle est la limite de l'erreur absolue et de l'erreur relative du quotient?*

Le diviseur étant plus petit que 17,72454, le quotient est compris entre $\frac{360}{17{,}72453}$ et $\frac{360}{17{,}72454}$ ou, entre 20,310834758 et 20,310823299. L'erreur absolue est plus petite que 20,310834758 — 20,310823299, ou 0,000011459, plus petite, par conséquent, que 0,0001.

L'erreur relative est plus petite que

$$\frac{11459}{20310823299} < \frac{100000}{20000000000} < \frac{1}{100000}.$$

12° *Combien manque-t-il de chiffres au diviseur pour avoir ce quotient* $\frac{180}{31{,}4.....}$ *à 0,001 près, et pour l'avoir à* $\frac{1}{100}$ *près?*

1° Le quotient devant avoir un chiffre à la partie entière plus trois chiffres décimaux, il faut prendre six chiffres au diviseur (512); il en manque trois.

2° Pour avoir le quotient à $\frac{1}{100}$ près, il manque deux chiffres au diviseur.

13° *Calculer :* 1° $\frac{52{,}3}{3{,}14159}$, *à 0,01 près;*

2° $\frac{324}{146{,}4591}$, *à* $\frac{1}{10000}$ *près.*

On a d'après le n° 512 :

1°	5230,00	3,14159
	2088 41	16,64
	203 51	
	15 05	
	2 49	

2°	324,0000	146,4591
	31 0818	2,2122
	1 7900	
	3255	
	327	
	35	

14° *L'expression* $\frac{40000000}{2\pi}$ *donne le rayon de la terre. Avec combien de chiffres faut-il prendre* $\pi = 3,14.....$ *pour avoir ce rayon à* $\frac{1}{100000}$ *près?*

$2\pi = 6,28.....$ — Le quotient $\frac{40000000}{6,28....}$ aura sept chiffres à la partie entière, ensuite, cinq chiffres décimaux; on prendra donc (512) quatorze chiffres au diviseur, et, par conséquent, quatorze chiffres pour la valeur de π.

15° *Avec combien de chiffres faut-il calculer le quotient* $\frac{7282,5371}{39,1853}$, *pour l'avoir à une unité près?*

Le quotient doit avoir trois chiffres; on en prend cinq au diviseur, 39,185, et autant au dividende, 7282,5 (512).

7282,5	39,185
3364 0	185
229 6	
34 1	

16° *Calculer :* $\frac{265,732546}{9,8088}$ *à 0,01 près.*

Le quotient aura quatre chiffres; on en prend six au diviseur l'opération proposée est donc (512)

265,7325	9,80
69 5565	27,09
8949	
129	

17° *On veut que l'erreur relative du quotient* $\frac{35,7.....}{8,43....}$ *ne dépasse pas* $\frac{1}{1000}$, *combien manque-t-il de chiffres au dividende et au diviseur?*

L'erreur relative du quotient étant moindre que $\frac{1}{1000}$, ce quotient a (497) trois chiffres exacts. Il faut donc (512) prendre cinq chiffres au diviseur, six au dividende. Il manque donc trois chiffres au dividende et trois au diviseur.

18° *Calculer :* $\frac{1,414}{3,141592}$, *à* $\frac{1}{100}$ *près.*

Le quotient aura deux chiffres décimaux, donc (512) il faut prendre quatre chiffres au diviseur, cinq au dividende :

$$\begin{array}{r|l} 1,4140 & 3,141 \\ \cline{2-2} 1576 & 0,45 \\ 6 & \end{array}$$

19° *Calculer :* $\frac{2}{7} + \frac{5}{6}$, *à* 0,001 *près.*

$$\frac{2}{7} + \frac{5}{6} = \frac{12 + 35}{42} = \frac{47}{42}$$

$$47 : 42 = 1,119 \text{ à } \frac{1}{1000} \text{ près.}$$

APPENDICE

SYSTÈMES DE NUMÉRATION

1° *A quel nombre décimal correspondrait l'unité de deuxième ordre dans le système duodénaire? Et l'unité de troisième ordre?... et l'unité de quatrième ordre?*

1° L'unité de deuxième ordre correspondrait à 12; 2° l'unité de 3e ordre correspondrait à 144; 3° l'unité de 4e ordre correspondrait à 1728 (515).

2° *Mêmes questions pour établir la relation entre le système décimal et le système septenaire.*

Dans le système septenaire, 1° l'unité de 2e ordre corespondrait à 7; 2° l'unité de 3e ordre correspondrait à 49; 3° l'unité de 4e ordre correspondrait à 343 (515).

3° *Combien d'unités représenterait le cinquième ordre dans le système binaire?*

Dans le système binaire, le 5e ordre représenterait $2^4 = 16$ (515).

4° *Le système binaire exigerait-il plus de noms de nombres que le système décimal?*

Oui, car, chaque ordre d'unités valant moins, il faudrait plus d'ordres et de classes d'unités; or chaque classe a nécessairement un nom particulier.

5° *Ajouterait-on 10 à l'ordre d'unités trop faible si l'on opérait dans le système duodécimal?... dans le système septenaire?*

Dans le système duodécimal, on ajouterait 12 à l'ordre d'unités trop faible; et, dans le système septenaire, on y ajouterait 7.

6° *Effectuer l'addition des nombres suivants dans le système duodécimal :*

$$4\alpha 63389 + 257814 + 76538\alpha.$$

$$\begin{array}{r} 4\alpha 6\beta 589 \\ 257814 \\ 76538\alpha \\ \hline 587056\beta \end{array}$$

$9+4+\alpha=23$ unités ou $12+\beta$; $12=$ une unité de l'ordre sup.
$1+8+1+8=18=12+6=1$ unité de l'ordre sup. $+6$
$1+5+8+3=17=12+5=1$ — — $+5$
$1+\beta+7+5=24=12\times 2=2$ — — $+0$
$2+6+5+6=19=12+7=1$ — — $+7$
$1+\alpha+2+7=20=12+8=1$ — — $+8$
$1+4=$ 5

7° *Du 1er des nombres donnés au n° 6, retrancher le troisième de ces nombres.*

$$\begin{array}{r} 4\alpha 6\beta 389 \\ 76538\alpha \\ \hline 4305\beta\beta\beta \end{array}$$

α ôté de 9, ne se peut, on ajoute 12 à 9; α ôté de 21, reste $11=\beta$; 1 et 8, 9; 9 ôté de 8, ne se peut; on ajoute 12 à 8; 9 ôté de 20, reste $11=\beta$; et ainsi de suite.

8° *Multiplier entre eux les deux derniers de ces nombres en prenant le dernier pour multiplicateur.*

$$\begin{array}{r} 25814 \\ 76538\alpha \\ \hline 208914 \\ 1794\alpha 8 \\ 75040 \\ 104468 \\ 12\alpha 080 \\ 153894 \\ \hline 1677\beta 751794 \end{array}$$

$$\alpha=40=(12\times 3)+4$$
$$1\times\alpha=10;\ 10+3=13=12+1$$
$$8\times\alpha=80;\ 80+1=81=(12\times 6)+9$$
$$5\times\alpha=50;\ 50+6=56=(12\times 4)+8$$
$$2\times\alpha=20;\ 20+4=24=(12\times 2)+0$$

et ainsi du reste.

9° *Trouver la valeur de la fraction périodique, 0,036673667. . dans le système duodénaire.*

$$F = 0{,}036673667.$$

Multipliant par une puissance de 12 suffisante pour faire passer la virgule successivement à droite et à gauche de la première période, il vient :

$$100000\ F = 3667{,}3667$$
$$10\ F = \quad 0{,}3667\,3667.$$

Retranchant membre à membre, on a :

$$10000 - 10 = \beta\beta\beta\beta 0\ F = 3667 - \frac{3667}{100000000}.$$
$$\beta\beta\beta\beta 0\ F = 3667.$$

Le dernier terme tendant à zéro, on le supprime, et l'on a successivement :

$$F = \frac{3667}{\beta\beta\beta\beta 0}$$

10° *La fraction ordinaire* $\frac{15}{16}$ *du système duodénaire donne-t-elle lieu à une fraction périodique?*

Non; car $\frac{15}{16} = \frac{15}{2^4}$; en effet, pour réduire cette fraction ordinaire en fraction duodécimale, on multiplie le numérateur par $12^2 = 2^4 \times 3^2$; donc on introduit au numérateur les facteurs du dénominateur.

11° *La fraction* $\frac{15}{68}$ *du système duodénaire donne-t-elle lieu à une fraction périodique?*

Oui; car $\frac{15}{68} = \frac{15}{2^2 \times 17}$.

Il y aura, avant la période, 2 chiffres à cause de l'exposant 2 du facteur 2.

FIN

AVERTISSEMENT

Nous signalons au professeur quelques fautes qui se sont glissées dans le texte de notre *Arithmétique.*

1° Quelques énoncés des questions proposées dans l'*Arithmétique* doivent être modifiés, et rendus conformes à ceux du Solutionnaire; ce sont :

Sur les Quatre Règles, les numéros 19 et 20;
Sur la Divisibilité, — — 10, 11 et 12;
Sur le Système métrique, — 22, 23 et 42;
Sur les Rapports et Proportions, 17 et 20.

2° La théorie du n° 160 (*Arithmétique*) est rendue plus clairement dans les solutions du n° 33 des Questions sur la divisibilité.

3° A la page 116 de l'*Arithmétique*, lignes 5 et 6, au lieu de : « la valeur du kilog. d'or monnayé et du kilog. d'argent monnayé », il faut lire : « ... kilog. d'or pur et kilog. d'argent pur ».

4° A la page 168, 9e ligne, supprimer — (2×3).

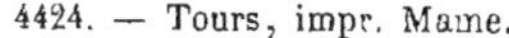

4424. — Tours, impr. Mame.

LE

COURS DE MATHÉMATIQUES ÉLÉMENTAIRES

COMPREND LES OUVRAGES SUIVANTS :

Éléments d'Arithmétique.
— d'Algèbre.
— de Géométrie.
— de Trigonométrie.
— d'Arpentage et de Nivellement.
— de Géométrie descriptive.

4424. — Tours, impr. Mame.

www.ingramcontent.com/pod-product-compliance
Ingram Content Group UK Ltd.
Pitfield, Milton Keynes, MK11 3LW, UK
UKHW021202220726
13924UKWH00003B/1276